● 마님, 그거 어디서 샀어요? ●

띵굴마님은
살림살이가 좋아

이혜선 지음

땡굴마님은 뭐가 그렇게 좋을까?

띵굴마님은 살림살이가 좋아

contents

06   <u>prologue</u>
"여보, 자고로 광에서 인심(人心) 나는 거라 그랬어."
"당신 광에는 인심(忍心)이 필요할 것 같은데?"

shopping note 1
PAN & POT

13   크레이프 팬
14   이중 토기 밥솥 & 밈 뚝배기
15   스타우브 무쇠솥·직화 오목접시
19   모뷔엘 구리 편수냄비·모뷔엘 구리 잼팟
20   빅 사이즈 웍
21   드부이에 논스틱 팬
22   알루미늄 편수냄비
23   스테인리스 스틸 밀크 팬·스토브몬 주전자
24   WMF 미니 찜기
25   스테인리스 스틸 잼팟

shopping note 2
KITCHEN TOOLS

31   아이자와 공방 조리도구
32   우엉채칼·파 세절기·미니 강판
33   마이크로 플레인 강판 프로 파인·사과 커터기
36   스테인리스 스틸 사각 트레이
37   스테인리스 스틸 쿠킹 틀
38   르쿠르제 스패츌라
39   하회 명품 도마
40   타파웨어 햄버거 패티 메이커
41   아이스 큐브

44   레데커 우드 브러시
45   각종 우드 브러시
46   스테인리스 스틸 깔대기
47   스쿱(스테인리스 스틸, 우드, 법랑)
48   스테인리스 스틸 롱 집게·소스 국자
49   잘라 쓰는 거즈 롤
50   학독
51   싸리 채반
54   주방 칼·접이식 과도·주방 가위
55   덜튼 법랑 타이머와 시계 & 채반
58   체망
59   각종 저그

shopping note 3
STORAGE TOOL

63   라벨링 스티커
64   글라스락
65   노다호로 법랑 사각 용기·스테인리스 스틸 찬통
68   대용량 유리 용기
69   보르미올리 밀폐 유리병
72   잼병
73   스틸 뚜껑 미니 유리병
74   육수 밀폐 용기
75   투명 파우치
76   실리쿡 투명 용기(사각)
77   실리쿡 투명 용기(원형)
78   반 오픈 저장 용기
79   납작 용기·1회용 테이크아웃 용기
82   싱크대 수납 캐리어

83 적재 스토커
84 핸디형 화이트 수납 박스
85 컨테이너 스토커
86 신발장 정리 용기
87 이케아 서류 정리함

shopping note 4
TABLE WARE

93 모던 유기
94 도기 머그 & 워머
95 도기 티포트 & 도기 워머
96 커피 드리퍼
97 차 거름망
98 오목한 면기
99 Cutipol Goa 커트러리
100 헨켈 이녹스·우드 커트러리
101 법랑 소재의 커트러리
102 일회용 냅킨
103 fog 리넨 키친클로스
104 와인 잔 & 물컵
105 이케아 물컵
106 멜라민 식판 세트
107 칼리타 아이스커피용 드립 세트

shopping note 5
MY FAVORITE

111 빗자루 1, 2·쓰레받기
112 화이트 덧신

113 fog 리넨 앞치마
114 메모리폼 방석·왕골 방석
115 듀랑스 리넨 워터·빈티지 글라스 스프레이
118 핸들 대바구니
119 철제 바스켓
120 우드 미니 건조대·우드 미니 빨래판
121 스테인리스 스틸 빨래집게
122 베이지컬리 향초
123 티 라이트
124 리넨 실·색실
125 바느질 가위
126 돌
127 천연 염색 침구
130 타원형 나무 도시락 통·대나무 도시락 박스
132 소리 나지 않는 수저 세트·
    3단 스테인리스 스틸 도시락 통
134 리넨 원피스
135 납작한 왕골 가방
136 스트라이프 티셔츠, 레이스 양말
137 내추럴 플랫 슈즈

plus item
그리고 내가 사랑하는 시어머니의 구식 살림
138 양은 밥봉·재반·볶음용 조리 도구·대나무 소쿠리
139 둥근 소반

141 epilogue
12월 32일 26시 98분, 인천공항에서 만나요!
살림살이 쇼핑하러 세계 일주 떠나는 날이니까요.

"여보, 자고로 광에서 인심(人心) 나는 거라 그랬어."
"당신 광에는 인심(忍心)이 필요할 것 같은데?"

변명 1 이렇게 곳간 문을 열기까지, 참 오래 망설였다지요.

이상하시죠? 나온다던 책 『살림이 좋아2』는 그 어느 별로 보내버리고, 이렇게 엉뚱하고도 생경한 책을 내놓은 건지…. 네. 그런데 그게 좀 그렇게 되었네요. 인생이란 게 한 치 앞도 모를 일이네요. 왜냐하면 저도 몰랐으니까요. 궁극의 지름신 강림하시는 몹쓸 질병의 산물들을 묶어서 감히 책이라는 것을 꾸리게 될 줄이야. 솥단지랑, 밥숟가락이랑, 행주며 프라이팬 같은 게 무슨 대단한 책거리가 된다고… 정말이지 꿈에도 생각지 못했다니까요.

『살림이 좋아』라는 책 한 권이 저에게 조금은 낯선 신세계를 열어주었는가 봅니다. 왜냐하면 저는 참 평범한 사람이었으니까요. '이혜선'이라는 이름으로 세상에 와서 하나 특별할 것 없는 살림을 사는 동안 저는 내내, 그럭저럭 살겠거니 했던 걸요. 쓸고 닦고 밥 짓고, 한 남자 방실방실 살찌우면서 도란도란 살아가겠거니 했을 뿐, 되바라진 야망 같은 건 없었거든요. 그런데 그만, 저의 첫 책을 사랑해 주시는 여러분들이 하도 따뜻해서 어깨춤이 으쓱으쓱, 그렇게 살고 있잖아요.

다만 염려가 깊었던 것 같기는 합니다. 괜히 우쭐거리면서 두 번째 책을 내놓았다가 실망감만 안겨드리는 건 아닐까, 싶은 생각에 두 다리 뻗고 쉬 잠들지도 못했으니 말입니다. 두 번째 책을 내는 게 맞나? 그냥 조용히 살림이나 하는 건 어떨까? 한약 우리듯 재탕, 삼탕 그러는 건 너무 궁색하잖아… 제 책을 기획해 주신 〈에프북〉의 편집자들과 머리를 맞대고는 손톱 발톱 물어뜯어 가며 고민이 깊었습니다.

"마님, 그럼 이건 어때요? 살림살이 리스트를 묶어내는 거! 친절한 쇼핑 정보를 주는 책!"

"아하! '네*버'에 띵굴마님 치면 '띵굴마님 수납용기' 그런 검색어가 막 나오니까요?"

"빙고! 띵굴마님 종이상자, 띵굴마님 행주 삶는 솥단지, 띵굴마님 주전자, 띵굴마님 해~앵주!"

"요즘은 띵굴마님 남편도 연관 검색어로 떠요. 하하하하하하하하!"

"거 좋다. 곳간 열어요. 곳간! 무지막지하게 열어젖히는 거예요. 어때요? 재미지죠?"

"네에! 좋아요, 좋아!"

그렇게 되었답니다. 이 책은 그러저러한 연유로 이 세상에 오셨던 거지요.

변명 2 사실은… 블로그에 일일이 비밀 댓글 다는 일이 조금 벅찼다는 거!

저의 동거남(?), 그러니까 저의 남편은 '심플하게 살자'가 모토입니다. 몇 되지도 않는 식구에 국자가 하나면 되지 왜 색색으로, 재질별로 다 갖춰야 하는지를 도통 이해할 수 없다는 게 그의 입장입니다. 그렇다면 저의 모토는? '폼 나게 살자'입니다. 식구 수는 적어도 조리하는 국자, 식탁 위에 올라오는 국자, 라면 국자와 찌개 국자가 달라야 한다는 거지요. 왜? 그게 폼 나니까요.

하여, 아주 가끔은 그런 의견 차이로 인해 대화가 깊어질 때도 있습니다. 하지만 언제나 승리는 제 편입니다. 왜냐하면 살림은 제가 하니까요. 우리 집은 저의 직장이니까 그렇지요.

어쨌든 그렇게 '폼생폼사'로 일관하는 저의 살림 히스토리를 블로그에 낱낱이 올리다 보면 별이 쏟아지듯 댓글이 올라옵니다. 기쁘고 감사하게도 말입니다. 그런데 그 댓글의 49.32% 아니 51.75% 정도가 '마님, 그거 어디서 샀어요?' 하는 질문들입니다.

사실 그게 좀 대략 난감입니다. 제가 무슨 별별 업체들의 홍보대사도 아닌 마당에 일일이 공개 답변을 한다는 것은 좀 과하고 머쓱해서요. 게다가 자칫 관계자가 아닌가, 하는 오해라도 받는 날엔 곤란해지지 않겠어요? 나름 청렴결백(?)하게 꾸려온 저의 일기장에 흠집이 생기게 할 수는 없었다지요.

그렇다 보니 한 분씩 비밀 댓글을 달아드리면서 속닥거릴 때가 많았습니다. 속닥속닥, 지지배배… 수시로 그랬다지요. 하! 힘들었습니다. 묵묵부답이면 서운하실 테고, 하나하나 정성을 다하자니 힘에 부치고 해서 진땀이 뻘뻘 났지요. 그런 차에 이런 책을 묶자 하니 저로서야 방가방가 해바라기가 될 수밖에요. 아시겠죠? 제 마음, 이해되시죠?

변명 3 안 먹고, 안 입고 솥단지 좀 사는 일이 큰 잘못은 아니잖아요?

"대표님, 이 책은 저희 시어머님께는 보여드리지 않는 걸로… 아무래도 그러는 게 좋겠어요."
원고 정리가 끝나갈 무렵, 〈에프북〉의 왕언니 대표님께 고백했습니다. 그도 그럴 것이 살림살이들을 쫙 펼쳐 놓고 보니 이게이게 장난이 아니잖아요. 시어머님이 보시면 끌끌 혀를 차실 듯해서 미리 꼼수를 놓은 거지요.

"마님, 살림 안 하는 저도 다 꺼내 놓으면 트럭 불러야 돼요. 사는 게 그런 거예요. 사람 사는 데 살림살이 가고, 살림살이 가는 데 사람이 있는 거라니까요."

"그렇죠? 그렇죠? 하긴! 제가 무슨 보석을 사들인 것도 아니고."

"그럼요. 명품 사다 쟁여서 떡 해 먹겠다는 것도 아니고!"

농담처럼 주고받은 그 말이 그렇게나 위안이 되더군요. 나란 사람 하는 일이라곤 오직 하나, 살림에 미쳐 있는 것뿐인데, 그러다 보면 연장 필요한 게 당연지사라는 논리가 섰던 거지요. 물론, 그 논리란 것도 '심플하게!'를 모토로 삼고 있는 저희 남편 마인드에는 살짝 거슬리는 것이겠지만!

새 솥이 생기면 고슬고슬 새 밥 지어 올리고 싶어지는 게 여자 마음입니다. 뭉개지지 않는 동그란 달걀 프라이 만들겠다고 깜찍한 틀 하나 사고 났더니 저만의 달걀 요리가 완성되던 걸요. 그러면 달걀 프라이 하나 만들면서도 있는 대로 자존심을 세우는 거죠.

"이봐, 달걀! 너 까불지 마. 나, 띵굴마님이야!"

룰루랄라 콧노래 부르면서 달걀에게 호통을 치는 그 시간이 저는 더없이 행복한 걸요. 그 재미를, 그 소박한 기쁨을 영 버릴 수가 없던 걸요.

변명 4 총 없는 군인은 단팥 없는 찐빵? 살림살이 없는 주부도 같지 않겠어요?

저의 블로그로 매일매일 출근하는 분들이 계십니다. 저, 그 마음 알아요. 같이 나누고 싶어서 그런 거지요. 살림이 지겹거나 고단해지다가도 사는 얘기 좀 나누다 보면 다시 에너지가 솟으니까요. 그럼 또 하루를 열심히 살아볼 꽃씨 같은 게 마음에 뿌려지니까요.

저도 그래요. 저도 그분들처럼 여기저기 기웃기웃하면서 살림 수다놀이, 그걸 해요. 남의 거 넘보고, 탐내고, 망설이다가는 기어이 지갑 열어 내 집으로 데려오기도 하고… 그렇게 하나둘 쌓인 긴 세월의 흔적들이 바로 제 살림살이들입니다.

늘 상에 오르는 찌개 한 그릇도 어떤 냄비에 끓이는가에 따라 맛이 달라지는 것 같습니다. 파 한 단 사다가 손질해서 썰 때도 생머리 찰랑이듯 썰어지는 도구가 있으면 흥이 나죠. 몸값 높으신 고기 양반들, 털끝 하나 남기지 않고 잡쉬 드리려면 소분이 중요해요. 소분? 그 귀찮은 일을 하고 싶게 만드는 데는 참한 수납 용기가 필수 아이템입니다.

여자에게 살림살이란 팥빵 속의 단팥이고, 전쟁터 나가는 군인의 장총이며, 허기진 날의 소복한 밥 한 그릇 같은 것. 내 성미에 딱 맞는 살림살이들 착착 갖춰 놓고 그림처럼 살고 싶어서 우리 모두는 그렇게 옆집, 뒷집, 사돈의 팔촌까지 찾아다니며 호구 조사를 벌이는 거지요. '그거 어디서 사셨어요?' 하고 말입니다.

그 꿈이 뭐 그렇게 크게 해 끼칠 일은 아니지 않나요? 왜냐하면 별것도 아닌 집게 하나가 낱알낱알 흩어진 여자 마음을 콕 집어 제자리로 다시 데려다 놓기도 하거든요.

여자가 기쁘면 살림이 춤을 춘다고 했습니다. 살림하는 손에 날개가 달려서 하늘로 승천하는 사태가 벌어진다고 해도 저는 우리 모두가 그렇게 소소한 기쁨을 누렸으면 좋겠습니다. 제가 뽑은 지름신 리스트가 그 날개에 리본 핀처럼 탁 꽂힐 수만 있다면 더할 나위 없이 행복할 것도 같습니다. 그러니 "뭔 살림살이를 이렇게 사들였다니?" 하면서 꾸지람하지는 말아주셨으면 합니다. 부디.

변명 5 예쁜 살림 좋아하는 여자들은 살림도 곱게 사는 법이랍니다. 푸힛!

책 속에 소개한 저의 살림살이들 중에는 쓰임이 남다른 것도 있고, 하나 쓸데없는 것도 있을 겁니다. 분단장한 배우처럼 곱기는 한데 쓰기 아까워 모셔둔 것도 있고, 무수리 치맛자락처럼 여기저기 휘젓고 뛰어 다니는 고마운 아이도 있을 거예요. 그래도 저에게는 하나하나 모두가 제값 하는 보물들입니다.

그래서 이름 붙여주고, 의미 만들어 새겨주었습니다. 쓰다 불편한 이유들 적어가며 미리 언질도 드리고, 이렇게 다루면 더 좋아한다고 귀띔도 해 드렸습니다. 그래도 부족한 무엇이 있다면 또 블로그 문을 두드리시죠. 그러면 버선발로 달려 나가 비밀 댓글 달아보겠습니다.

아! 언젠가 이 아이들 모두 시집 장가 보내고 싶은 날이 오거든 사전 공지도 하겠습니다. 혹시 모르죠. 변덕이 끓어서 왕창 다 꺼내 쌓아 놓고는 벼룩시장 한바탕 하게 될지도!

허드레 살림살이 하나가 때로는 의외의 수확을 안겨줍니다. 이 책 속의 어떤 물건도 그렇게, 당신의 마음 밭을 채워줄 수 있으면 하고 바랍니다. 그럴 수만 있다면 그동안 썼던 저의 무수한 쌈짓돈들이 하나 아깝지 않을 것 같습니다.

곳간 열어 수저 하나까지 모두 나열한 부끄러운 마음에 변명이 길었습니다. 이제 그만 다시 일터로 돌아가렵니다. 꺼내 놓았던 아이들 모두, 제자리로 돌려보내야지요. 책 만드느라 부산했던 저의 마음도 다시 제자리로 기꺼이 돌려보내겠습니다. 사뿐사뿐 제자리로… 총총총.

길었던 여름을 접으며 띵굴마님 이혜선 씀

SHOPPING NOTE 1
PAN
&
POT

부엌으로 들어서며 가장 먼저 하는 일은 그날그날 나의 파트너가
되어줄 프라이팬이나 냄비, 솥단지를 골라 가스레인지 위에 사뿐하게
앉히는 일이다. 고백하자면 언제부턴가 나는 전기밥솥과 간헐적 작별
중이시다. 전기료의 주범이라는 전기밥솥 대신 뚝배기에 보글보글
밥을 짓기 시작한 것이다. 쉬운 길 마다하고 굳이 어려운 길로 돌아가는
것은… 그저 나의 지병이다. 조금은 투박해 보이는, 하지만 속절없이
정이 가는 구식 살림이 좋아서다.

집집마다 부엌 사정이야 저마다 다르겠지만, 별스러운 살림 경험에
비추어볼 때 26cm 너비의 프라이팬, 30cm의 넉넉한 웍, 20cm 지름 냄비
하나씩만 챙기면 한 끼 밥상은 뚝딱 차려낼 수 있는 게 사실이다.

하지만 사람 마음이 어디 그런가 말이다. 유명 셰프들의 주방에 번드르르
하게 걸려 있는 구리 편수냄비, 음식이 무심히 담겨 있어도 식탁에
놓이면 빛이 나는 색색의 무쇠냄비, 때 빼고 광내면 다이아몬드처럼
신분 상승하는 스테인리스 스틸 용기들, 정감 있게 보글보글 끓여주는
뚝배기의 참맛 같은 것. 그런 걸 익히 알고 있는데 어떻게 모른 척하나.
나는 그렇게 팬과 솥의 세계에 빠져버렸다. 퍼뜩 정신을 차려 보니
이건 뭐… 완전히 '셰프의 주방' 같은 모양새다. 조금 찔리기는 하지만
그래도 좋다. 보고 있어도 보고 싶고, 쓰고 있으면 더 쓰고 싶어지는
나의 프라이팬 그리고 솥단지들아! 바로 그것. 소재, 사이즈, 브랜드까지
바닷가 모래알처럼 다양한 제품 중에서 심혈을 기울여 고른 몇 가지
아이템들, 지금부터 등장하시게 되겠다.

크레이프 팬

프랑스 디저트인 크레이프를 만들 때 쓰는 전용 팬. 아주 아주 얇게, 순식간에 부쳐내야 하는 크레이프
전용 팬이라서 열전도율이 높은 것이 장점이다. 크레이프 만들어 먹을 일이 거의 없을 텐데…
굳이 구입한 이유? 밀전병이나 달걀지단 같은 편평하고 얇은 음식들을 만들 때 딱 괜찮은 풍경을
만들어주니까. 사는 김에 반죽을 얇고 고르게 펴주는 전용 우드 밀대도 함께 구입했다.

크레이프 팬 L 지름 26cm 2만1천5백원 /
우드 크레이프 밀대 가로 10cm×세로 14cm×높이 2cm 8천5백원,
모두 로이트리 www.loweitree.com

이중 토기 밥솥 & 밈 뚝배기

누룽지가 탐이 나서 쓰기 시작한 이중 토기 밥솥. 전기밥솥에 비해 밥맛도 좋고, 딱 먹을 만큼만 만들 수 있으니 좋고, 밥 지은 정성이
한눈에 보이니 더욱 좋다. 3~4인용 밥을 만들기 딱 좋은 사이즈로 뚜껑에는 목련나무를 깎아 만든 멋스러운 밥주걱을 턱 걸쳐놓기 좋은 홈이
파여 있는 것이 특징. 모던한 듯 고전적인 디자인의 밈 뚝배기는 세 가지 사이즈를 주방에 들였는데, 지름 12cm의 가장 작은 사이즈를 제일 많이 쓴다.

이중 토기 밥솥 지름 19cm 2만8천원 /
밈 뚝배기 지름 12cm 3만원,
모두 오일클로스 www.oilcloth.co.kr
주걱 가로 7.5cm×세로 24cm 2만8천원, 계절이야기 www.e-fourseason.co.kr

스타우브 무쇠솥

내부에 법랑 코팅이 되어 있어 따로 길들일 필요 없이 사용하기 편리한
무쇠솥. 다양한 기능과 디자인을 자랑하는 '스타우브' 제품 중에서
4인용 식탁의 기본으로 추천하고 싶은 것은 지름 20cm 검정색 원형
'꼬꼬떼'. 밥, 국, 찌개를 두루 소화할 수 있는 최적의 크기이자,
대를 물려 써도 싫증 안 나는 디자인과 컬러 덕분이다.
지름 24cm 흰색 '스타우브'는 뉴욕 여행 갔을 때 이고 지고 들여온 제품.

스타우브 꼬꼬떼 블랙 지름 20cm 14만3천4백98원(할인 특가로 구입),
신세계몰 mall.shinsegae.com

직화 오목 도자기 팬

검정에 가까운 짙은 색깔의 그릇에 음식을 담으면 폼이 절로 나기 때문에
손님 초대 상에 즐겨 사용한다. 거친 질감과 함께 양쪽에 달린 손잡이까지
마음에 쏙 드는 오목한 옹기 팬은 가스레인지 불 위에 직접 올려
사용할 수도 있으니 두루두루 만족스럽다.

지름 25cm×높이 4cm 2만원, 도자기숲 www.dojagisoop.com

● 여유 있는 주말 저녁 식사 시간. 솥단지 두 개를 가스레인지 위에 나란히 올려 한쪽에는 칙칙 폭폭 밥을 짓고, 다른 한쪽엔 보글보글 된장찌개를 끓인다. 특이하게도 뚜껑이 이중인 밥솥은 밥물이 덜 끓어 넘치고, 수분 손실 없이 조리가 가능해서 물을 조금만 넣고 고구마, 감자를 찌는 데도 유용하다.

한손에 쏙 들어오는 밈 뚝배기는 강된장을 바특하게 끓여 내거나 2인용 달걀찜, 1인용 국 데우기, 1인용 솥밥이나 알밥 같은 것을 만드는 데 두루두루 유용하다. 지갑만 두둑하다면 식구 수대로 하나씩 갖춰도 좋을 것 같다.

●● 타샤 할머니의 화덕 위에 떡하니 올라와 있을 법한 주물냄비의 양
대 산맥! '스타우브'와 '르쿠르제' 중에서 나의 첫 번째 위시 리스트가 된
아이는 단연 흰색 '스타우브'였다. 한국에서는 물론, 미국 아마존 사이트
에서도 구하기 힘든 귀한 컬러라 처음 시작은 검정색의 아담한 사이즈로
구입했다. 크다고 무작정 좋은 것도 아닌 이유는 냄비 자체의 무게에 내
용물까지 더해지면 혼자서는 들 수도 없는 사태가 벌어지기 때문. 약한
불로 뭉근하게 끓이는 모든 음식에 추천한다. 참! 머잖아 '꼬꼬떼' 블랙
20cm는 단종 된다는 소문이 솔솔 들려오는 중이니 관심 있다면 'Hurry
Up!'
직화 오목접시는 주로 국물 자작한 불고기, 매콤한 제육볶음 등을 조리해
서 바로 상에 올리거나, 접시만 데웠다가 따뜻하게 먹으면 좋은 수육 등
의 요리를 즐길 때 사용한다. 닭갈비를 먹다가 바로 밥까지 볶아 먹을 수
있는 일석이조 아이템.

모뷔엘 구리 편수냄비

냄비계의 샤넬이라는 구리 냄비. 그중에서도 지름 18cm 편수냄비는 샤넬 2.55 클래식이라고 소개할 수 있겠다. 열전도율이 좋아서 빨리 끓고, 재료 고유의 맛을 살려준다는 것은 표면적인 이유. 끝장 '뽀대' 냄비로 내 마음속의 1등 냄비로 등극했다. 확실히 빨리 끓고 재료 본연의 깊은 맛을 내준다. 하지만 설거지 후 물기가 남아 있으면 표면에 얼룩이 생기고 녹이 슬기 때문에 사용 후 완전히 물기를 닦아주어야 한다. 얼룩이 졌을 때는 구연산이나 식초로 닦으면 된다. 유럽에 거주하는 블로그 이웃에게 구매 대행을 부탁한 제품.

지름 18cm 17만9천원, 유럽의 주방/생활용품 이야기 blog.naver.com/teresaklaus

모뷔엘 구리 잼팟

살림하는 데 꼭 필요하냐고 물으신다면… 뭐…. 그저 법랑과 스테인리스 스틸에서 무쇠로,
그리고 다시 구리의 세계로 넘나들며 빠져들었을 때 내 머릿속에서 지울 수 없었던 녀석이라고
대답해야겠다. 가스레인지가 넘치도록 넉넉한 사이즈의 '모뷔엘' 잼팟은 프로방스 농가에서 살림하는
듯한 기분을 내기 딱 좋은 아이템이다. 텃밭과 시댁에서 거둔 대용량 과일들을 달콤한 잼으로
변신시킬 때 사용한다.

지름 31cm 19만6천원, 유럽의 주방/생활용품 이야기 blog.naver.com/teresaklaus

빅 사이즈 웍

자고로 웍은 클수록 좋다! 20년도 한참 전, 미스 띵굴이었을 때 갤러리아 백화점에서 예쁜 레드 컬러에 뽕 반해서 둘러메고 온 메이드 인 이딸~리아 제품이다. 20년이 훌쩍 지난 지금, 뚜껑 한쪽이 찌그러졌음에도 불구하고 깨를 볶거나 멸치, 북어 등 마른 건어물을 살짝 볶아 비린 맛을 날릴 때 유용하게 사용하고 있다. 20년 전 가격은 기억조차 희미하고, 그 가격에 다시 살 수 있다는 보장도 없으니 제품 정보는 패스!

드부이에 논스틱 팬

코팅 프라이팬의 장점은 사용이 간편하다는 것. 사이즈별로 4개를 들여서 집에서는 물론 캠핑 갈 때도
열심히 사용한다. 가볍고 다루기 쉬운 데다 컬러풀한 손잡이가 쓸 때마다 기분 좋아지는 아이템이다.
코팅 팬이니만큼 충분히 식힌 다음에 닦아야 코팅력이 오래간다. 부드러운 아크릴 수세미로 살살
문질러가며 닦아주는 것이 정답.

지름 20cm 5만3천원 / 24cm 6만1천원 / 28cm 6만9천원,
모두 더플랫74 www.theflat74.com

알루미늄 편수냄비

사용할수록 정감 있게 낡아가는 나무 손잡이와 제품 자체의 가벼움에 홀딱 반했다. 냄비 양쪽으로
물코가 난 알루미늄 편수는 안쪽에 용량 눈금이 있는 데다 내용물이 빨리 끓기도 하니 재료를
밑 준비할 때 만만하게 사용하기 편하다. 멸치 국물을 낼 때, 피클의 식촛물을 달일 때
항상 집어 들게 되는데 세 가지 사이즈가 있지만 가장 자주 쓰는 것은 20cm, 1600㎖ 용량의 제품이다.

지름 20cm 1600㎖ 3만4천9백원, 미스달스튜디오 www.missdal.com

스테인리스 스틸 밀크 팬

냄비라고 할 수 있지만, 손잡이가 달린 볼이라고도 할 수 있는 다용도 팬.
밀크 팬 안쪽에 용량이 표시되어 있어 편리하다. 올 스테인리스 스틸
제품으로 우유 데울 때, 버터를 중탕할 때, 먹고 남은 국을 데울 때,
달걀 삶을 때, 다대기 양념장을 대량 섞어서 갤 때 등 식사 준비할 때
착 붙어 도와주는 기특한 조수다.

지름 13cm 800㎖ 3만1천원, 미스달스튜디오 www.missdal.com

스토브몬 주전자

조금 번거롭더라도 정수기 대신 매일 보리차를 끓여 마신다. 따뜻한 건
따뜻한 대로, 차가운 건 차가운 대로 기분 좋게 마실 수 있기 때문이다.
탄탄한 스테인리스 스틸 거름망이 세트로 들어 있는 것이 특징. 내부를
들여다볼 수 있는 투명 뚜껑에 주둥이가 짧아 세척이 용이한 점 등
디자인이나 실용성 면에서 후한 점수를 주고 싶다.

지름 16cm 2L 3만7천50원, G마켓 www.gmarket.co.kr

WMF 미니 찜기

2인용 음식을 조리할 때 이보다 더 좋을 순 없다, 하면서 감탄할 만한 미니 찜기. 이유식을 만들 때나 싱글 살림에도 딱 좋은 사이즈다.
찜기를 빼고 양수냄비로 사용하기에도 부족함이 없다. 미니라는 이름이 붙어 있긴 하지만 양배추 1/4쪽, 감자 6개 정도는
너끈히 들어가는 실속 사이즈다.

지름 16cm 2만9천8백원, 이마트몰 www.emart.com

스테인리스 스틸 잼팟

들통 대신 사용하는 큼직한 잼팟. 정식 명칭은 'Maslin Pan with Handle'로 영국 아마존에서 구매 대행했다. 9L 대용량, 지름 31cm의
적당한 깊이라 갈무리한 나물을 넉넉하게 삶을 때, 유리 보관 용기 열탕 소독할 때, 홈 파티 때 얼음 꽉꽉 채워 병맥주와 음료를 담아둘 때
빛을 발한다. 사용하기 쉽게 물코와 손잡이가 달려 있다. 인덕션, 가스레인지 모두 사용 가능.

지름 31cm 27.35파운드, UK아마존 www.amazon.co.uk

● 요리할때 '찜'은 조금 번거롭게 생각되는 조리법이다. 하지만 찜기는 재료의 영양가와 맛은 살리고,

뚝딱 할 수 있는 은근 손쉬운 요리가 많은 데다 전자레인지 사용을 줄일 수 있는 도구라 요리 초보일수록 적극 추천!

● 이렇게 큰 들통은 어디다 쓸 거냐고? 없어서 못 쓰지… 있기만 하면 진짜 바쁘신 몸이다.

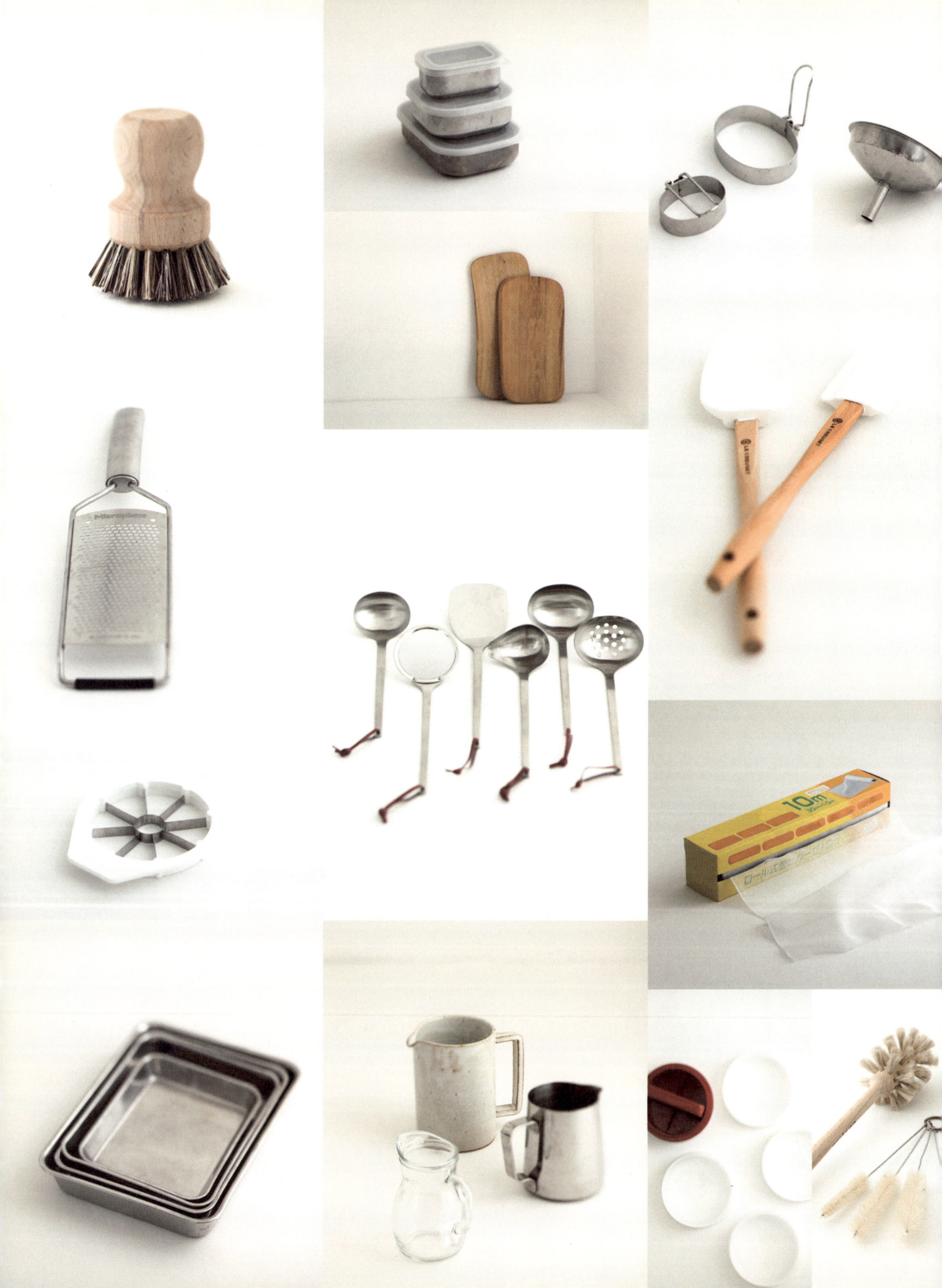

SHOPPING NOTE 2

KITCHEN TOOLS

나는 조리 도구와 커트러리에 푹 빠져 있다. 요놈들과 목하 열애 중이다.

먼 곳으로 여행을 떠나거나 혹은 시내 백화점에만 나가도 가장

길게 머무는 곳은 역시 조리 도구 코너. 나의 버킷 리스트 중 한 가지는

'주방 용품이 잘 되어 있다는 외국의 도시를 모두 돌아보고 싶은 것'일

만큼 예쁜 조리 도구만 보면 몸이 배배 꼬이면서 나도 모르게 손이 간다.

하지만 오해는 금물. 나는 결코 명품 브랜드만 고집하지는 않는다.

1천원짜리 나무 스푼 하나에도 하루 종일 기분이 춤을 추는,

그런 사람이기 때문이다.

조리 도구는 음식을 쉽고 빨리 만들 수 있게 도와주는 게 본래의 목적이지만

손질할 때마다 재료의 특성에 맞게 도구를 바꿔가며 사용하는 것이

귀찮은 경우도 분명히 있을 터다. 식칼 하나에 과도와 가위만 있으면 8인용

손님상을 뚝딱 치를 수 있는 사람도 이 세상에는 분명히 존재하니까.

그렇지만 나같이 조리 도구 집착증인 사람들은 도구들을 따로따로 사용하고는

뽀득뽀득 씻어서 잘 말린 뒤, 제자리에 다시 두고 바라보는 일련의 과정들을

매우 성스럽게 생각한다. 그래서 모아 모아 늘어놓은 커트러리만 백 개가

넘어도, 남들 눈에는 그게 그거인 듯 보여도, 나로서는 그 작은 스푼 하나를

샀던 장소와 가격뿐 아니라 날씨가 어땠는지, 그걸 발견하고 얼마나 기뻤는지,

어디에 써야겠다고 다짐했는지 등등을 두뇌 저장 파일에서 모두 기억해

낼 수 있다.

그러니까 내 모든 조리 도구에는 나만의 이야기가 숨어 있는 것이다.

바로 그 녀석들, 갓난아기처럼 사랑스러운 나의 귀요미들을 소개할 참이다.

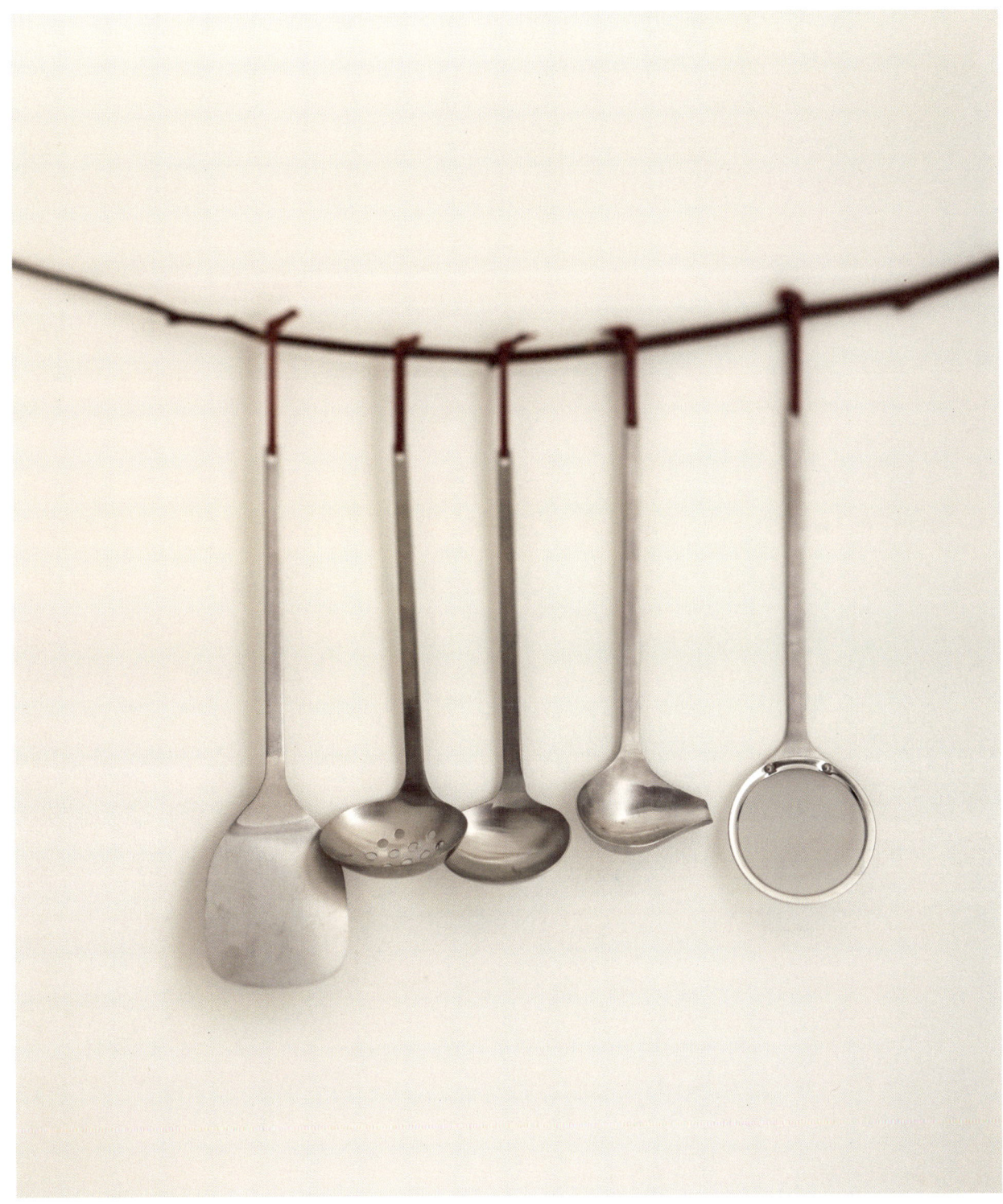

아이자와 공방 조리도구

손잡이 길이 16~17cm로 손에 쏘옥 들어오고 보관하기도 편리한 아담 사이즈. 식탁 위에서 서빙용으로 쓰기도 좋다.
손잡이 끝에 달랑달랑 매달린 빨간색 가죽 줄이 화룡정점!

왼쪽부터 뒤집개 총 길이 28cm 3만1천원 / 거름용 국자 22cm 2만4천원 /
국자(소) 22cm 2만4천원 / 소스 국자 22cm 3만1천원 /
그물 국자 22cm 2만4천원,
모두 마페싱 www.mfts.co.kr

우엉 채칼 · 파 세절기 · 미니 강판

지치기 쉬운 재료 손질의 시간마저도 즐겁게 만들어주는 깜찍한 조리 도구들. 파, 마늘, 생강, 무, 당근, 우엉 등 그날 사용할 양념과
단단한 채소들을 손질할 때 사용한다. 콤팩트한 사이즈라 보관이 쉬운 데다 눈앞에 두고 바로바로 적은 양을 손질할 때 유용하다.
스테인리스 스틸 미니 강판은 양념장을 만들 때 마늘, 생강, 무를 즉석에서 갈아 쓸 수 있도록 도와주는 제품이다.

우엉 채칼 17×8cm 1만8천9백원 / 파 세절기 13×6cm 1만4천2백원,
모두 미스달스튜디오 www.missdal.com
스테인레스 스틸 강판 10×7.5cm 3천3백원 오일클로스 www.oilcloth.com

마이크로 플레인 강판 프로 파인

치즈, 마늘, 무, 오렌지나 레몬 껍질 등 갈아서 써야 하는 사태가 벌어지는 순간마다 모든 재료를 완벽하게 갈아주는 고마운 제품. 특히 손이 다치지 않게 디자인 되어 있어 요리가 서툰 사람이라도 안심하고 사용할 수 있는 것이 장점. 구멍 크기에 따라 분류되는데 내가 쓰는 '파인'은 아주 곱게 갈리는 아이템이다. 그런데 아쉽게도… 요 아이를 구입했던 데이터가 내 머릿속에서 슬그머니 지워져버렸다는 것. 아아! 죄송스러울 뿐이다.

31.2×7.5cm 3만7천원 선, 국내 온라인 쇼핑몰에서 세일 가격에 구입

사과 커터기

과수원 하시는 시부모님 덕에 사과 떨어질 날이 없는 띵굴네 집에 꼭 필요한 도구. 가격은 저렴하지만 가끔 사과가 꽉 끼거나 잘 안 잘리는 경우가 있다는 이케아 제품과 독일 명품 WMF의 비싼 제품 사이에서 고민하던 중 타협한 일본 제품이다. 이케아와 WMF보다 지름이 5mm 정도 크고, 단단하기 짝이 없는 사과도 참말로 깔끔하고 산뜻하게 싹둑 조각난다.

지름 10.5cm 6천5백원, 로이트리 www.loweitree.com

● 독일 조리 도구들은 단단하면서 실용성을 추구하고, 미국 조리 도구들은 큼직한 사이즈나 컬러풀한 디자인 감각을 뽐낸다면 일본의 조리 도구들은 작고 내추럴하게 여자의 감성을 자극한다. 천연 나무와 견고한 스테인리스 스틸 채칼이 만나 환상의 궁합을 자랑하는 조리 도구들은 일본의 공방에서 손으로 일일이 만든 것이라고 한다.

파 세절기는 미끈거려 채 썰기 어려운 대파의 흰 부분을 프로급 요리사의 손길처럼 채 썰어주며, 같은 브랜드의 우엉 채칼은 한손에 쏙 들어오는 그립감에 조림해서 먹기 딱 좋은 굵기와 크기로 썰어주는 것이 특징.

●● 사과는 베이킹 소다로 박박 문질러 닦아 식촛물에 담갔다가 껍질째 먹는 게 제맛이다. 껍질째 먹는 사과에 칼을 대는 게 싫어서 구입한 것이 바로 요것, 깜찍한 커터기다. 흠잡을 데 없이 완벽한 쌍둥이 사과로 고르게 조각을 내주니 같은 사과도 한결 맛있게 느껴지는 건… 나만의 착각일까?

●●● 마이크로 플레인 강판은 구멍의 크기와 각도에 따라 그 용도가 달라진다. 손잡이까지 스테인리스 스틸로 된 프로페셔널 시리즈 중에서 구멍이 가장 작은 FINE으로 구입. 메밀 국수장에 넣을 무를 갈거나, 샐러드 위에 마지막 대미를 장식할 때 치즈 덩어리를 쏴쏴 뿌려줄 치즈 갈이로 주로 사용한다.

스테인리스 스틸 사각 트레이

요리 좋아하는 주부들 사이에서 '스텐밧트'라고 불리는 조리 쟁반. 사이즈별로 마련해 두면 요리할 때 재료를 다듬어 한데 모아두거나 다음 날 사용할 재료를 담아두기 좋다. 캠핑이나 피크닉에도 쟁반이나 그릇 대신 챙겨 가면 매우 유용하다.

S 20×17×2.5cm 1만7천5백원 / M 22.5×20×3.7cm 2만1천원 /
L 26.5×21.5×4.5cm 2만4천5백원 / XL 29×23×5.5cm 2만9천5백원,
모두 미스달스튜디오 www.missdal.com

스테인리스 스틸 쿠킹 틀

같은 재료, 같은 맛으로 완성한 요리라도 모양에 따라 레스토랑 브런치로 혹은 평범한 아침상으로
갈라놓곤 한다. 안쪽에 살살 기름칠을 한 뒤 달걀 프라이를 할 때나 핫케이크 반죽을 올리면
흐트러짐 없는 자태로 완성해 주는 쿠킹 틀. 썩 식감 있는 모양으로 완성해 주는 타원형 틀은
색다른 기분을 내고 싶은 브런치 타임에 어울린다.

S 8×6.5cm 3천원, 오일클로스 www.oilcloth.co.kr

르쿠르제 스패출라

우드 보디와 화이트 실리콘의 조합에 홀딱 반해 뒤돌아보지 않고 구입한 스패출라. 다양한 디자인으로
판매하지만, 오목한 볶음용과 납작한 굵기의 제품이 활용도가 가장 높은 편이다. 토마토소스나
고춧가루 양념 등은 하얀 실리콘이 물들기 쉬워서 주로 채소 볶음이나 파스타 요리를 할 때 아껴가며
사용한다.

스패출라 6가지+조리 기구 통 세트 10만7천원, 노블키친 www.noblekitchen.co.kr

하회 명품 도마

'질리트'나 '에피큐리언' 같은 브랜드 도마가 쓰기도 편하고, 관리도 간편하지만 그래도 나는 줄곧
나무 도마를 고집해 왔다. 그런데 시중에서 흔히 구할 수 있는 나무 도마는 곰팡이가 나기 쉽고
김치물이 쉽게 든다는 것이 단점. 안동하회마을에 갔다가 만난 장인의 수제 도마를 구입했다.
전화도 안 되고 반드시 안동의 하회 명품 도마로 찾아가서 구입해야 한다.
괴목에 들기름을 먹인 것으로 가장자리가 동그스름하게 마감되어 볼수록 쓸수록 사랑스럽고,
길이가 길어서 한결 편하다. 게다가 김치물이 들지 않아 폭풍 감동!

크기에 따라 1만원 · 2만원 · 3만원, 안동 하회마을 內(주말과 휴일에만 영업)

타파웨어 햄버거 패티 메이커

햄버거 패티의 모양과 두께를 일정하게 만들 수 있는 패티 메이커. 따로따로 분리되는 팩에 담아 차곡차곡 쌓으면 5개까지
냉동 보관할 수 있어서 더욱 편리하다. 소분이 매우 중요한 사람에게 적극 강추.

지름 10.5cm 1만6천5백원, 더소굽 www.thesoggup.co.kr

아이스 큐브

무독성 실리콘 소재의 아이스 큐브. 삶아 쓸 수 있어 위생적이고 얼린 내용물이 깔끔하게 잘 떨어진다는 것이 장점. 냉장고에 딸린 아이스 큐브에 비해 사이즈도 다양하고 뚜껑이 있어 얼음만 얼리는 것이 아니라 각종 이유식 재료, 다진 마늘, 배즙, 바질 페스토 등을 소분해서 얼려두었다가 요리할 때 사용한다.

S 12×6.5cm 2천5백원 / L 16×9.5cm 5천원, 모두 미스달스튜디오 www.missdal.com

● 돼지고기와 쇠고기를 적당히 치대어 만든 햄버거 패티는
넉넉히 만들어 냉동해 두면 쓸모가 많다. 반죽 재료를 만들
고 나면 우선 뚜껑으로 꼭꼭 눌러 모양을 잡는다. 한 번 만들
때 10개 분량으로 만들어 5개는 냉동실로 직행! 제품의 밀폐
력이 좋지만 맨 위에 랩을 씌운 뒤 뚜껑을 닫으면 신선함이
더욱더 오래 보존된다.

냉동 햄버거 패티는 냉장실에서 하루 정도 충분히 해동한 뒤
불 위에 올리기 한 시간 전에 실온에 두는 것이 맞다. 햄버
거 빵 역시 그릴 자국 꽉꽉 내서 빵이 눅눅해지지 않게 마요
네즈와 겨자를 발라 먹는 것이 진리! 상추, 토마토, 패티, 피
클을 차곡차곡 올리면 한 끼 식사로 섭섭지 않은 햄버거가
완성된다.

●●● 어린아이가 있는 엄마들에게 열광적인 반응을 얻은 실리콘 아이스 큐브. 사용하고 난 뒤 뜨거운 물에 폭폭 삶아 내부에 내용물이나 음식 냄새가 배는 것을 막는다. 뚜껑이 있어서 차곡차곡 쌓아 얼리기도 좋다. 손님 초대를 앞두고 땡굴이 가장 먼저 시작하는 준비는 이 아이스 큐브에 셔벗이나 블루베리 한입 아이스를 만드는 것. 진하게 내린 커피를 얼려두고 아이스커피를 마실 때 얼음 대신 동동 띄우는 것도 추천하는 방법이다.

레데커 우드 브러시

부엌에서 흔히 쓰는 아크릴 수세미를 과감히 제쳐버린 알럽 우드 브러시! 레데커는 1936년 브러시 제조업으로 시작하여 3대째 브러시만 만들고 있는
독일 브랜드. 품질 좋고 합리적인 가격에 환경 친화적인 제품으로 많은 주부들의 사랑을 듬뿍 받고 있다. 천연 원목과 돼지털,
말털의 조합에 꾸밈없이 심플한 디자인도 볼수록 예쁘다.
아이 흙장난 후 손톱 밑을 닦아주는 것, 조개껍데기에 묻은 이물질을 털어내는 것, 젖병 안쪽의 물때를 싹싹 없애주는 것… 브러시마다
하나하나 짊어지고 있는 임무가 달라서… 그 개수가 자꾸 늘어나는 편이다.

위에서부터 Mussel Brush 9.3×5cm 1만2천5백원, Children's Nailbrush 6×3cm 1만1천원, Milk-bottle Brush 전체 길이 34.7cm 1만원,
모두 티더블유엘 www.twl-shop.com / 다용도 미니 솔 L 19cm, S 10.5cm 3천원, 카페앳홈 www.e-cafeathome.co.kr

각종 우드 브러시

키도, 몸무게도 그리고 직업도 각기 다른 나의 다용도 솔 가족들. 맨 왼쪽의 짤막한 솔은 솥이나
프라이팬은 물론 감자, 당근 등 단단한 채소나 과일을 깨끗이 세척하는 용도로 열심히 사용한다.
가운데 버섯 브러시는 버섯을 물에 씻는 대신 브러시로 이물질을 살살 털어 조리해 본래의 맛과 영양을
살릴 수 있게 해주는 은근 기능성 솔이다. 오른쪽은 설거지용 브러시. 부드러운 말털로 만든 브러시로
도자기, 유리 등 식기 세척에 적합하다.

왼쪽에서부터 Dish Brush 6.7×8cm 9천원, 미스달스튜디오 www.missdal.com /
Mushroom Brush 4×13cm 1만2천원 / Dish Washing Soft 5×26cm 8천원, 모두 티더블유엘 www.twl-shop.com

스테인리스 스틸 깔때기

각종 효소와 과일청을 걸러낼 때, 재료에 간장물이나 단촛물을 걸러내어 부을 때 사용하는 깔때기.
웬만한 병 입구에도 흔들림 없이 꼭 맞게 지지된다. 스테인리스 스틸 소재라 뜨거운 물을 바로
부어도 안심이다. 하나 더 마련한다면 좀 더 큰 사이즈에 깔때기에 거름망이 부착된 것으로
구입하고 싶다.

지름 7.5cm 3천원, 오일클로스 www.oilcloth.co.kr

스쿱(스테인리스 스틸, 우드, 법랑)

맨 왼쪽의 스테인리스 스틸 스쿱은 설탕을 푹푹 퍼내거나 그릇들을 열탕 소독하는 날 베이킹 소다 듬뿍 퍼낼 때 유용하다. 가운데 우드 스쿱은 고백하자면 하도 예뻐서 구입한 것. 꺼내서 손에 들 때마다 콧노래가 절로 난다. 개수대 앞에 둔 설거지용 베이킹 소다를 푸는 데 즐겨 사용한다. 작은 법랑은 바질가루나 허브티 등을 소량씩 덜어낼 때 사용한다.

스테인리스 스틸 스쿱 길이 23.5cm 4천9백원, 오일클로스 www.oilcloth.co.kr / 우드 스쿱 길이 13.2cm 7천8백원 / 법랑 스쿱 길이 11cm 9천5백원, 모두 미스달스튜디오 www.missdal.com

스테인리스 스틸 롱 집게

날렵하고 길이가 길어 깊은 용기에 담긴 내용물을 쉽게 건질 수 있다.
요리를 하다 보면 집게가 생각보다 여러 개 필요한데 되도록 스테인리스
스틸로 구입하는 편이다. 이 롱 집게는 디자인도 심플하지만 부피가
작아 보관하기도 편하다.

길이 30cm 3천5백원, 미스달스튜디오 www.missdal.com

소스 국자

깊은 용기에서 매실청이나 레몬청, 액체 양념을 덜어낼 때 안성맞춤인
소스 국자. 병 입구에 손잡이를 걸어둘 수 있어서 더더욱 편리하다.
안쪽에 눈금 표시가 되어 있어 용량 계량을 하기에도 좋다.

S 15㎖ 길이 23cm 7천원 / L 30㎖ 길이 24cm 7천5백원,
모두 미스달스튜디오 www.missdal.com

잘라 쓰는 거즈 롤

얇은 소창을 여러 장 준비해 두고 때마다 깨끗하게 삶아 쓰면 좋겠지만, 그렇게 되면 요리할 의욕이
살짝 떨어진다는 주부들에게 추천하고 싶다. 절임용 채소의 물기를 짜거나 효소를 거를 때,
만두 찔 때 찜기 아래 깔고 사용하기에도 제격이다. 요즘은 리코타 치즈의 유청을 거르는 데도 요긴하게
쓴다. 랩처럼 필요한 만큼 잘라 쓸 수 있다.

폭 30cm×길이 10m 1만3천5백원, 미스달스튜디오 www.missdal.com

학독

결혼 후 줄곧 시어머니의 김치를 공수 받아서 연명했다. 그러다 드디어 얼마 전 김치 독립 선언을 했는데…

내가 누구인가! 도구 좋아하는 띵굴마님 아닌가 말이다. 김치 독립을 기념하며 가장 먼저 장만한 조리 도구가 바로 요 녀석이다.

이를테면 전통 믹서라고나 할까. 고추, 마늘 등 김치 양념 모두 넣고 쓱쓱 갈면 마치 김치 명인이라도 된 듯 어화둥둥 흥이 절로 난다.

요즈음에는 찾는 이가 없어서 시골 장터 말고는 판매하는 곳을 찾기 쉽지 않은데, 오랜 검색 끝에 온라인 숍에서 찾아냈다.

지름 37cm×높이 17cm 6만6천원, 옹기몰 www.onggimall.co.kr

싸리 채반

'made in china'가 아무래도 못미더워서 북한 제품으로 구입한 싸리 채반. 시장에서 판매하는 것도 일반적으로 중국제가 많다.
꼼꼼한 테가 너무 예뻐서 사이즈별로 구입해 두고는 텃밭 채소 갈무리할 때, 명절에 전을 담을 때, 주방 소품을 올려놓는 트레이로도 사용한다.

지름 20cm 5천9백원 / 35cm 1만원 / 40cm 1만2천원, 모두 오일클로스 www.oilcloth.co.kr

● 김치는 담글 때마다 결과를 예측할 수 없다고 한다. 좋은 재료에 정성을 들이고 간만 잘 맞추면 된다고, 한 문장으로 김치 담그기를 정리해 주신 시어머니. 옆에서 가만가만 지켜봤더니 특히 양념에 정성을 많이 들이셨다. 양념을 믹서에 갈면 너무 죽처럼 되고, 푸드 프로세서는 금속성 칼날이 재료 본연의 맛을 다 살리지 못할 것 같을 때 이렇게 넉넉한 학독에 넣고 슬슬 갈아주면 맛있는 김치가 반은 완성된 기분. 게다가 신 내린 듯한 손놀림으로 갈아주는 정성까지 감안한다면 김치 맛이 두 배는 좋아지지 않을까?

●● 우리 집 베란다의 햇빛 찬란한 공간은 사시사철 채소와 나물의 터전이다. 햇빛과 바람이 만드는 마른 재료는 깊은 맛을 내는 한식 요리의 필수품. 호박, 무 등은 두껍게 썰어야 나중에 맛있어지기 때문에 적어도 2주 정도는 말려야 한다.

표고버섯은 쌀 때 잔뜩 사서 밑동까지 통째로 줄 맞춰 늘어놓으면 3일이면 싹 마른다. 굳이 비싼 마른 표고를 구입할 필요가 없다는 사실! 화분과 텃밭에서 기르는 바질 잎도 채반 위에 자주 올리는 품목이다. 요 아이들이 마르는 내내 베란다를 서성거리면서 먼지가 앉지 않도록 부드러운 솔로 살살 털어주는 것도 내 임무다.

주방 칼 · 접이식 과도 · 주방 가위

칼집이 있는 화이트 식도는 집에서나 캠핑 갈 때 다목적으로 사용한다. 칼끝이 둥근 아시아형 식도는 채소, 생선, 고기를 모두 다룰 수 있는
디자인이라 하나만 있으면 충분하다. 접이식 과도는 집 안에서도 사용하지만, 휴대가 간편한 터라 야외 나들이에도 필수.
올 스테인리스 스틸 가위는 푹푹 삶아 쓸 수 있어 위생적이고, 부속이 완전히 분리되는 덕분에 세척을 하기에도 용이하다.

주방 칼 길이 25cm 4만3천원 / 접이식 과도 길이 19cm 8천9백원,
모두 미스달스튜디오 www.missdal.com / 분리형 가위 길이 20.5cm 2만4천5백원,
엠쿡 shop.naver.com/mcook / 주방 가위 길이 20.2cm 3만원, 하우스홀릭 www.householic.co.kr

덜튼 법랑 타이머와 시계 & 채반

냉장고나 싱크대 후드에 붙여 놓고 사용하는 타이머와 시계. 너무 저렴한 것은 금방 고장 나기 십상이라 은근 신중하게 골랐다.
두 가지 모두 5~6년 전에 구입한 것으로 아직도 반짝반짝 새것처럼 활용한다. 법랑 채반도 덜튼 제품인데 작은 사이즈라 식탁 위에 두고
빵, 과일 등 간식이나 약병 등을 담아두는 용도로도 쓴다.

시계 지름 7.3×높이 3.5cm 1만3천5백원, 카라멜샵 www.e-caramel.co.kr /
타이머 지름 7.3×높이 3.5cm 1만2천원, 카페뮤제오 www.caffemuseo.co.kr /
채반 지름 16.2×높이 9.5cm 2만7천원, 선데이로스트 www.sundayroast.co.kr

● 크고 투박한 주방 가위의 세계를 벗어나고 싶어 두 눈 크게 뜨고 찾아낸 올 스테인리스 스틸 가위 되시겠다. 잡았을 때 적당히 묵직하고, 손에 착 감기고, 눈에 띄는 곳에 주렁주렁 걸어놓아도 자랑거리가 되는 생김새에 반해 빛의 속도로 결제! 가장 중요한 절삭력도 매우 만족스럽다.

주방 살림만큼은 남부럽지 않게 갖춘 편이지만 이상하게도 칼만큼은 욕심 내지 않고 살아왔다. 그것이 무엇이든 예쁘기만 하면 브랜드도 명성도 따지지 않는 성격이 고스란히 드러나는 부분이다. 칼과 가위는 디자인이 예쁜지, 절삭력이 좋은지! 딱 두 가지만 본다. 주방 칼은 칼날이 화이트지만 세라믹은 아니고, 하이카본 스틸에 레진 코팅이 되어 있어 칼날을 갈 필요가 없는 것이 특징이다. 손잡이 부분은 논슬립 처리되어 미끄러지지 않으므로 손목에 부담이 적다. 요리가 취미인 주부에게 특히 권할 만한 아이다.

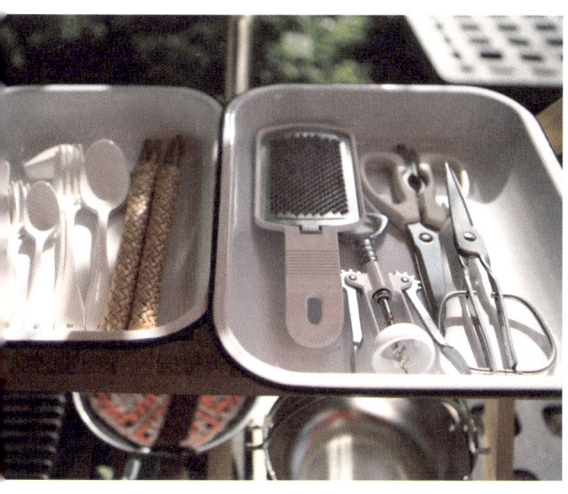

채반, 그러니까 콜랜더(Colander)는 서양에서 음식 재료의 물을 빼는 데 쓰이는 체. 우리말로 소쿠리쯤 되시겠다. 디자인도 제법 훌륭한 편이라 작은 사이즈로 골라서 식탁 위에 놓아두고 장식용으로 사용하기에도 제격이다. 과일을 담으면 형형색색 찬란한 빛깔이 살아나고, 쌈 채소를 먹는 날은 식탁 위에 그대로 올리면 분위기 메이커 노릇까지 톡톡히 한다.

뭘 얼마나 쓰겠나, 싶은 타이머와 시계는 요리할 때 의외로 자주 사용한다. 디지털 방식보다 정감이 가는 레트로풍의 디자인에 알람 소리가 짧게 한 번 울리는 것도 마음에 든다. 스파게티, 국수, 냉면 삶는 것은 물론 라면 삶을 때도 엄격하게 시간을 지키는 것이 우리 집 스타일. 달걀 반숙, 완숙을 할 때도 타이머에게 맡겨둔다.

체망

흔하디흔한 체이지만 정말 편리하고 튼튼한 체를 찾는 까다로운 나의 눈에 쏙 들어온 아이템.
올 스테인리스 스틸, 휘뚜루마뚜루 쓰기 좋은 손잡이, 조금 큰 냄비에도 손쉽게 받칠 수 있는 고리,
바닥에 안정적으로 놓을 수 있는 깜찍한 발이 달려 있어 사용하기 편리하다.

지름 18cm 2만3천원, 컨츄리앤하우스 www.countrynhouse.co.kr

각종 저그

유리 저그는 샐러드드레싱을 만들거나 서빙을 할 때, 시럽 등을 담아서 세팅할 때 유용하다.
도기 저그는 식사할 때 물을 담아두거나 피처 잔처럼 얼음을 꽉 채워서 레모네이드를 내놓을 때,
저그 위에 드리퍼를 올리고 커피를 내릴 때 좋다. 스테인리스 스틸 저그는 커피 제조를 할 때
우유 휘핑용으로 나온 것인데 물이나 육수를 담아두는 용도로 막 쓰기 좋다.

보르미올리 비스트로 유리 저그 250㎖ 3천3백원, G마켓 www.gmarket.co.kr /
도기 저그 6만8천원, 화소반 www.hsoban.co.kr 경기도 광주시 오포읍 신현리 521-10번지,
031-712-0679 / 스테인리스 밀크 피처 650㎖ 1만6천3백원, 미스달스튜디오 www.missdal.com

SHOPPING NOTE 3
STORAGE TOOLS

나는 살림이 좋다. 살림 도구들은 당연히 좋고, 발칙하게 예쁘거나 기발한
쓰임새를 지닌 아이들은 더더욱 좋다. 그러니까 내게 있어 살림살이와
저장 용기란 보석과도 같아서 언제나 반질반질 아껴가며 쓰고 닦고
사랑하게 되는 것이다.

살다 보니 점점 드는 생각이지만 이 세상에 존재하는 모든 것들은 충분히
사랑받을 때 저마다의 진가를 발휘하는 것 같다. 공간도, 물건도 그리고
사람도. 마음을 주고 아껴주어야만 비로소 자기가 지닌 능력 이상의
에너지를 쏟아낸다는 것, 사람이든 물건이든 하나 다를 게 없다는 사실을
날마다 실감하면서 살고 있는 것이다.

밤하늘의 별처럼 무수히 많은 나의 살림살이들 중에서 이웃 분들이 가장
관심을 가지고 궁금해하며, 구입처와 크기를 끊임없이 물어오는 것은
다름 아닌 저장 용기들이다. 이른바 수납 도구다. 내 살림에 꼭 맞는 용기를
발견했다 하면 그 순간 이성이 마비된다. 성에 차는 만큼 줄줄이 내 집으로
데려오고야 말겠다는 의욕이 불끈 솟는 것이다.

냉장고에 차곡차곡 소분된 식재료를 보면 안 먹어도 배가 부르고,
뒷베란다에 줄지어 있는 유리 용기는 틈날 때마다 꺼내서 먼지 닦으며
입김 호호 불어 광을 낸다. 그것들이 제자리에서 반짝반짝 빛이 나야
살림할 맛이 나는 것이다.

바로 요 녀석들, 내 살림의 든든한 효자들만 골랐다. 사도 사도 모자란
느낌이 드는 저장 용기, 구입해도 후회하지 않을 최정예 아이템을
소개할 참이다.

라벨링 스티커

구입한 식품들을 투명 용기에 소분하는 게 주특기인 나로서는 그 식품의 정체를 알려주는 메모가 필수.
보관 용기에 네이밍할 때뿐만 아니라, 선물 포장에도 제격. 코튼 테이프는 패브릭 재질이라서 물에 닿아도
찢어질 염려가 없다. 나는 폭이 넓은 것과 얇은 것 두 가지를 적절히 사용하는데 워낙 쓰임이 많다 보니
아예 '띵굴마님'이라는 내 이름이 새겨진 나만의 스티커를 주문 제작했다. 유포지로 만들어 떼어낼 때
자국이 남지 않고, 물에도 강하다는 것이 특징. 원하는 스티커의 크기나 디자인을 스케치하여
인터넷 사이트 명함 제작하는 곳에 의뢰하면 일러스트 파일로 만들어서 제작해 준다.

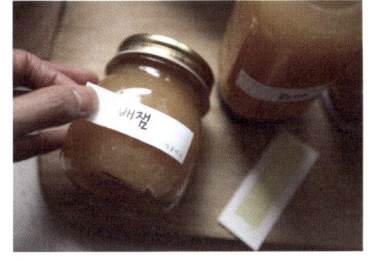

코튼 테이프 S 폭 1cm×길이 5m 2천8백원 / M 폭 2cm×길이 5m 3천2백원, 모두 텐바이텐 www.10×10.co.kr /
주문 제작 유포지 스티커 1천 장 4만원

글라스락

나는 백색 여인이다. 워낙 블랙&화이트의 정갈함을 좋아하는 편인 데다 특히 부엌살림은 더더욱 청결해 보이는 화이트를 선호한다.
갓 만든 반찬과 뜨거운 국물 등을 보관할 때 사용하는 이 유리 용기는 뚜껑과 실리콘까지 화이트로 되어 있는 것이 포인트. 세트로 구입하여
사용해 보니 사방 12cm, 15cm, 정사각 사이즈가 가장 활용도가 높다. 단, 실리콘에 김치물이 들기 쉬운 편이라 양념이 묻을 것 같은 음식은
랩을 한번 씌운 뒤 뚜껑을 닫는다.

120mℓ 7×7×6.5cm 3개 세트 7천9백원 / 500mℓ 12×12×7.5cm 3개 세트 1만1천9백원 / 920mℓ 15×15×7.5cm 3개 세트 1만5천9백원 /
500mℓ 15×10×6.5cm 3개 세트 1만1천9백원 / 980mℓ 18×14×7.5cm 3개 세트 1만6천9백원,
모두 이마트 자연주의 오프라인 매장 또는 이마트몰 www.emart.com

노다호로 법랑 사각 용기

음식 보관은 물론 테이크아웃 용기로도 강추! 오븐에도 사용할 수 있고, 뚜껑이 있어 샐러드나 냉파스타 등을 담아 피크닉 갈 때 가져가도 좋다. 강한 충격에 법랑 재질이 깨질 수 있다는 것 빼고는 활용도가 높다.

사각 찬통(소) 500㎖ 15.4×10×7.5cm 2만1천원 / 사각 찬통(중) 850㎖ 18.3×12.5×6.2cm 2만9천2백원 / 사각 찬통(대) 1500㎖ 22.8×15.5×6.8cm 3만3천1백원 / 사각 낮은 찬통(중) 1400㎖ 25.4×18.8×4.5cm 3만1천6백원 / 사각 낮은 찬통(대) 2400㎖ 28.7×22.5×5.5cm 3만5천4백원, 모두 미스달스튜디오 www.missdal.com

스테인리스 스틸 찬통

가볍고 사이즈도 적당해 매일 쓰기 만만한 스테인리스 스틸 찬통은 재료를 소분할 때나 반찬 용기로 사용한다. 냉동실에 넣으면 꺼낼 때 손이 쩍 달라붙어서 주로 냉장실용으로 활용한다.

미니 찬통 9.2×6.3×4cm 2천원 / 정사각 찬통 10×10×4cm 3천원 / 직사각 찬통 15×10×3.5cm 3천5백원, 모두 다이소 오프라인 매장 또는 다이소몰 www.daisomall.co.kr

● 국이나 찌개는 물론 나물반찬, 고기반찬 등 모든 음식들은 1~2인분씩
조금만 만들다 보면 영 깊은 맛이 나지 않는다. 뭐든지 성인 4인 이상이 든
든하게 먹을 수 있을 정도로 한꺼번에 만들어야 맛이 나는 것이다. 말하자
면 일정량 이상의 갖은 양념이 한데 어우러져야 음식으로서의 가치가 살아
나기 시작하는 셈이다.

그도 그런 데다 음식 만들어 이웃들과 나눠 먹기 좋아하는 나는 한번 마음
먹고 밑반찬 만들기와 고기 재우기를 시작하면 동네 사람 다 먹이고도 남을
이바지 음식처럼 품을 들인다. 한꺼번에 맛있게 만들어 소분한 뒤 좋아하는
사람들과 도란도란 나눠 먹는 일이 더없이 즐거운 까닭이다.

글라스락에는 따끈한 반찬을 담아도 OK. 법랑은 샐러드 같은 찬 음식은 물
론이고 양념갈비나 닭 날개를 재워 담아서 캠핑이나 포틀럭 파티에 들고 가
기 딱 좋다. 스테인리스 스틸 찬통은 반찬 재료나 양념 소분에 주로 활용한
다. 어쨌든 이렇게 주렁주렁 찬통들과 더불어 살아가는 내가 독자들에게 전
할 수 있는 최후의 통첩은 이것! 역시 반찬통은 많으면 많을수록 좋다! 진
짜진짜 그렇다!

대용량 유리 용기

살림살이는 어쨌든 친절해야 한다. 내가 아무리 예쁜 물건에 빠져 있다지만 쓰는 사람의 입장 같은 것은 전혀 고려하지 않은 이기적인 살림이라면
사절이다. 그런 차원에서 이 아이를 좀 보시라. 용량이 큼직한 데다 오래 사용해도 녹슬지 않는 스테인리스 스틸 핸들이 달려 있어
데리고 다닐 때 더없이 편리하다. 게다가 뚜껑과 실리콘 패킹이 분리되고, 내열 유리 재질이라 열탕 소독이 가능하니 위생적인 면에서도
흠잡을 데가 없다. 진공 밀폐는 물론 냉동실, 냉장실 모두 보관 가능하다. 아이, 예뻐라!

1L 지름 10cm×높이 15cm 2만6천원 / 2L 12×24cm 3만원 / 4L 16×29cm 3만5천원,
모두 미스달스튜디오 www.missdal.com

보르미올리 밀폐 유리병

열고 닫을 때마다 뚜껑 간수를 따로 하지 않아도 되는 기특한 디자인의 밀폐 유리병. '보르미올리'는 용량과 디자인이 다양해서
원하는 스타일과 크기를 소소하게 고를 수 있다는 것이 장점이다. 실리콘 패킹이 낡아서 헐렁해지면 그것만 따로 구입해서 교체할 수 있다.

스윙 병(소) 250㎖ 지름 5cm×높이 21cm 2천2백20원 / 스윙 병(중) 500㎖ 6.5×27cm 3천2백원 / 스윙 병(대) 1000㎖ 8×32.5cm 3천6백원 /
피도 원형 밀폐 용기 200㎖ 8.2×8.3cm 3천1백원 / 피도 사각 밀폐 용기 500㎖ 10.6×9.8cm 3천4백원 / 피도 사각 밀폐 용기 750㎖ 10.6×13.5cm 3천7백원,
모두 컵앤컵 www.cupandcup.co.kr

● 저장 용기는 애매하게 작은 것보다 아예 충분히 담고도 남을 만큼 용량이 큰 것이 낫다는 결론을 내렸다. 그런데 문제는 무게다. 특히 유리 용기의 경우는 내용물까지 들어가면 더 무거워질 테니 조치가 필요하다. 이 제품은 유리 재질에 손잡이까지 달려 있어 조금 비싼 몸값에도 덥석 집 안에 들인 나의 애장품이다.

특히나 뒷베란다에 줄지어 놓은 밀폐 용기는 매일 쓰는 것이 아니라, 꽤 오랫동안 보관해 두고 사용하기 때문에 조금만 방심하면 뭐가 뭔지 헷갈릴 확률이 매우 높다. 이런 문제점 역시 투명 유리 소재가 해결해 준다. 보이는 수납을 원칙으로 투명 유리로 통일했다. 레몬청, 양파 장아찌, 피클 담을 때는 물론 다시마 자른 것, 쌀, 마른 저장 식품, 건과류 등을 주로 담아둔다. 마른 식재료를 넣을 때는 작은 실리카겔을 잊지 않고 넣어두는 센스! 식재료뿐 아니라 자투리 털실이나 조각 천 등을 보관하기에도 유리병은 더없이 훌륭한 능력을 발휘한다.

●● 플라스틱의 폐해에 대해 알게 되고 난 뒤부터는 오래 두고 먹어야 하는 식품은 주로 유리 용기에 보관하는 편이다. 어느 순간, 나의 눈에 들어온 브랜드가 '보르미올리'다. 집에서 만들어 먹는 소스나 엑기스들, 잼 같은 것을 담는 것은 물론 플라스틱 병에 들어 있는 간장이니 오일, 액체 양념류 등 역시 구입 후 소분해서 보기 좋게 정리한다. '보르미올리' 용기는 디자인과 성능 대비 가격이 부담스럽지 않아 직접 만든 잼이나 소스를 선물할 때도 좋다. 라벨 하나 붙여 놓으면 별것도 아닌 음식이 장인의 작품으로 둔갑하는 것은 시간문제다.

잼병

커다란 구리 냄비에 잼을 듬뿍 만드는 날이면 콧노래를 부르며 잼병을 소독하는 게 나의 일이다.
핸드메이드 잼이나 피클 등은 한번 오픈하면 되도록 빨리 먹는 게 좋기 때문에 적당한 사이즈에
소분하는 편. 다양한 사이즈와 모양의 잼병은 기존에 쓰던 것을 재활용해도 좋지만 뚜껑이 하얀 것으로
통일하는 게 좋아서 발품 팔아 찾아낸 것들이다.

원형(대) 650㎖ 지름 9.3cm×높이 13.5cm 1천6백원 / 12각(중) 283㎖ 7.5×9.3cm 1천3백원 /
사각 270㎖ 6.5×6.5×11cm 1천3백원 / 원형(소) 140㎖ 5.3×8.1cm 1천원, 모두 스위트팩 www.sweetpack.co.kr

스틸 뚜껑 미니 유리병

DIY를 즐기는 사람들에게 꼭 필요한 미니 유리병. 단추나 구슬 보관 등에 사용한다. 텃밭 가꾸기에
목숨 걸고 있는 나는 씨앗을 보관하는 데도 요긴하게 쓴다. 같은 모양이라도 작은 병은 유리,
큰 병은 페트 소재다. 내용물을 담은 병은 작은 상자에 모아 담아두면 보관하기도 편리하다.
직접 써보니 지름 4.5cm×높이 8cm 사이즈가 가장 유용한 듯.

유리병 10개 세트 7천~9천원, 자연과사람 www.gifthands.net /
PET 소재 병 지름 4.5cm×높이 8cm 9백원, 방산시장 청명&청솔, 02-2263-6558

육수 밀폐 용기

입구 부분이 실리콘으로 된 유리 소스 용기. 말랑한 실리콘 마개가 덧대어져 육수나 소스를 따를 때 흐르지 않는다. 간장, 매실액, 액젓, 참기름, 들기름 등 늘 쓰는 액체 양념을 한데 담아 냉장 보관하면 요리할 때 바구니만 쏙 꺼내 쓰기 좋다. 실리콘, 뚜껑이 모두 분리되어 구석구석 속 시원하게 세척하기 편리한 것도 후한 점수를 주는 요소.

500㎖ 1만6천5백원, 미스달스튜디오 www.missdal.com

투명 파우치

테이크아웃 칵테일 용기로 유명해진 제품. 사골국, 배즙, 멸치 국물 1회용을 담아 보관한다.
바깥에 가지고 나가기도 부담 없고 급할 때는 물속에 퐁당 담가 금세 해동시켜 사용할 수 있어
간편하다. 크기가 다양하므로 용도에 맞게 골라 사용하면 좋다.

페트지퍼스텐드봉투 13×19cm 1백 개 묶음 6천5백원,
비닐까페 www.vinylcafe.co.kr

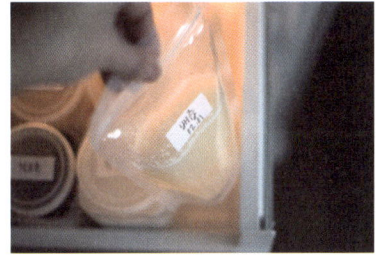

실리쿡 투명 용기(사각)

식재료를 찾을 때마다 냉장고 문을 열고 한참을 바라봐야 하는 습관을 한 번에 고칠 수 있게 해주는
수납 용기. 냉장실과 냉동실에 모두 활용 가능하며 유리도 아닌 것이 환경 호르몬에 자유로운 소재라는
장점이 있다. 투명 용기라 냉동실에서도 내용물이 바로 확인된다는 것도 이점이다. 각종 가루와
건어물 보관에 제격인데 사각은 원형보다 뒤늦게 출시된 제품. 냉장고 하나를 그림같이 정리하려면
세트 판매 제품으로 2~3세트 정도가 필요하다.

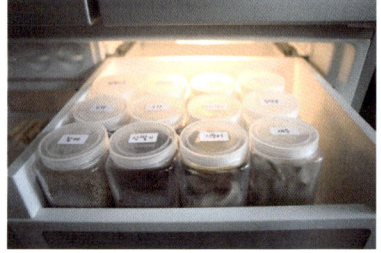

1200㎖ 가로 8cm×세로 21cm 3천8백원 / 880㎖ 8×16.5cm 3천원 /
640㎖ 8×12.5cm 2천5백원, 모두 두두월드 www.duduworld.com

실리쿡 투명 용기(원형)

검정 비닐봉지 안에 여기저기 쌓아 놓았던 식재료들을 냉장고 문을 열면 한눈에 바로 파악할 수 있게
도와주는 제품. 냉장고 문짝에 딱 맞는 사이즈라는 것이 마음에 들고, 매우 가벼운 데다
투명한 재질이라 더욱 매력적이다. 나의 경우, 큰 사이즈는 가루 식품부터 각종 과실청 담기까지
자유자재로 사용하고, 가장 작은 사이즈는 아이스 홍시 전용으로 활용한다.

특대(특1호) 1200㎖ 8×25.5cm 3천8백원 / 대(1호) 950㎖ 8×21cm 3천원 / 하프 450㎖ 8×10.5cm 1천6백원 /
특하프 600㎖ 8×12.5cm 2천5백원 / 중(2호) 330㎖ 6×15cm 1천7백원 / 소(3호) 200㎖ 5×12cm 1천5백원 /
특소형 230㎖ 지름 8×높이 6.5cm 2천5백원, 모두 두두월드 www.duduworld.com

반 오픈 저장 용기

뚜껑이 반만 딸깍! 열린다. 저장 용기의 높이는 각각 다르지만 가로, 세로 크기가 같아서 착착 쌓아 놓기 좋고 투명해서 내용물 식별이 용이하다. 냉동실용 식재료를 담을 때 주로 사용하며 베이킹 소다, 빨래용 세제를 담는 데도 추천! 단점이라면 완전 밀폐가 안 된다는 것. 그래서 밀폐가 필요한 재료는 위생 봉지에 한 번 더 넣어 용기에 보관하는 게 좋다.

S 750㎖ 15×10.7×7.5cm 2천8백80원 / M 1200㎖ 15×10.7×11.3cm 3천40원
L 1800㎖ 15×10.7×16.3cm 3천2백원, 모두 까사쇼핑 www.casa.co.kr

납작 용기

일회용 지퍼백과 안녕을 고하게 해준 최강의 소분 용기. 각종 식재료를 한
두 번 먹을 만큼만 소분해서 냉동 보관하는 데 더없이 좋다. 얼렸다
먹어도 맛에 변함없는 재료들이라면 모두 이 아이에게 맡긴다.
용기 바닥에 요철이 있어서 냉동한 뒤에도 내용물을 떼어내기 편리하고,
말랑한 연질고무 재질이라 살짝 비틀면 내용물이 금방 분리된다.

M 500㎖ 21.5×13.5×3.5cm 3천5백원 / L 1L 23.7×18.2×3.7cm
3천5백원, 모두 미스달스튜디오 www.missdal.com

1회용 테이크아웃 용기

두 칸과 한 칸으로 된 것 모두 유용하다. 특히 샐러드 테이크아웃 용기로
강추! 냉동실에 음식을 보관할 때나 음식 선물을 할 때도 유용하다.
높이가 조금 낮은 중간 사이즈를 가장 많이 쓰는데 고기는 2인분 정도,
샐러드는 1인분 정도 들어가는 용량이다. 전자레인지에서 사용 가능.

한 칸(중) 17.5×12×5.7cm 3백50원 / 한 칸(대) 17.5×12×7.4cm 4백원 / 두 칸(중) 17.5×
12×5.7cm 4백80원 / 두 칸(대) 17.5×12×7.4cm 5백40원 / 소스 컵 원형 7×4.5cm
가격 미정 / 소스 컵 사각 5.6×5.6×2.6cm 1백10원, 모두 컵앤컵 www.cupandcup.co.kr

내가 마치 냉장고 수납의 달인처럼 등극할 수 있었던 데는 냉
동실이 서랍식으로 되어 있는, 조금은 독특한 우리 집 냉장고 덕
이 컸다. 물론 장을 보고 온 날은 아무리 피곤해도 소분의 단계를
빠트리지 않는 유난스러운 성격도 한몫을 했겠지만. 나처럼 소분
의 기쁨을 즐기고 싶은 사람이라면 용기에 더더욱 관심을 가질
필요가 있겠다. 용량이 은근히 큰 반 오픈 저장 용기는 만두, 떡,
배즙, 황태채, 세제까지 마른 재료를 맡아준다.

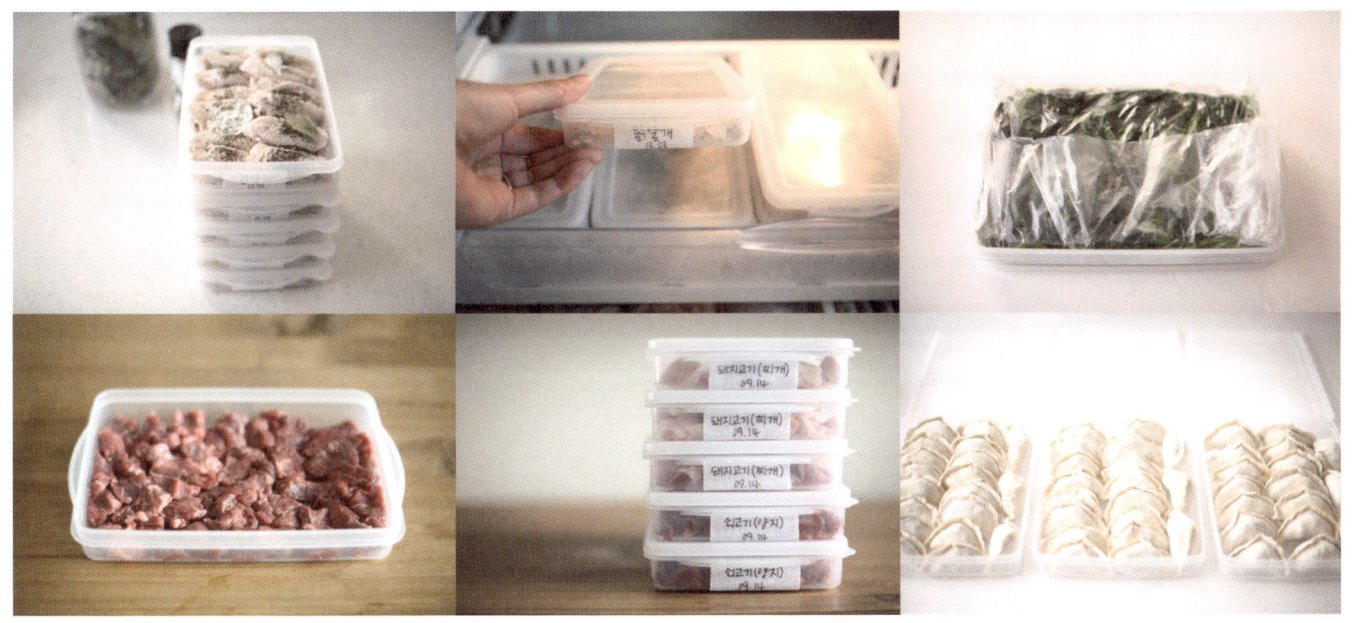

만일 가까운 곳에 재래시장이 있다면 매일 매일 먹을 만큼만 장을 봐서 먹고 싶은 마음도 있지만… 사실 일주일에 한두 번 풍족하게 장을 봐서 쟁여둔 식재료로 요리를 하는 게 내 성미에는 더 맞는 것 같다. 하루 이틀 집중해서 일하고 나면 한 주가 쭉 편하니 말이다. 줄 맞춰 소분해 둔 재료들이 한 칸 한 칸 사라지면 어떤 재료가 부족한지, 또 어떤 재료가 많이 남아 있는지 알게 되어 식단 짜기도, 장보기도 훨씬 수월해진다.

수납 캐리어

보기에는 지극히 평범해 보이는 화이트 캐리어. 냉장고 안에 바구니가 필요하다고 한다면 이해해 줄까?
앞부분이 살짝 낮아서 담아둔 물건이 한눈에 보이니 꺼내기 쉽고, 뒷부분에 바퀴가 달려 있어
냉장고 안이나 싱크대 하부장에 넣어 두고 사용하기 좋다.

19.1×36.4×13.5cm 4천3백원, 미스달스튜디오 www.missdal.com

적재 스토커

원하는 대로 쌓을 수 있어 뒷베란다나 싱크대 하부장 등 주방 정리에 좋은 스토커 되시겠다.
3면에 구멍이 송송 뚫려 있어 감자나 양파를 넣어 두거나 쟁여둔 양념류나 라면, 잘 사용하지 않는
프라이팬을 눕혀서 보관하기도 좋다. 3개 이상 구입해서 쓰는 것을 추천한다. 아이 방 물건 정리에도
제격이다.

23.9×34.6×20cm 적재 하중 20kg 1만1천5백원, 미스달스튜디오 www.missdal.com

핸디형 화이트 수납 박스

우리 집 다용도실의 터줏대감으로 마트에서 구입하는
공산품을 보관하는 데 주로 사용한다. 통조림, 봉지 식재료,
자잘한 베이킹 도구 등을 넣어 두는데 빈틈에 쏙쏙 들어가는
적당한 크기에 손잡이, 뚜껑까지 달린 수납 박스라
쓸 수 있는 곳이 무궁무진하다. 밖에서는 안이 들여다보이지
않아 잡동사니 보관에도 안성맞춤.

16×31×16cm 4천원, 미스달스튜디오 www.missdal.com

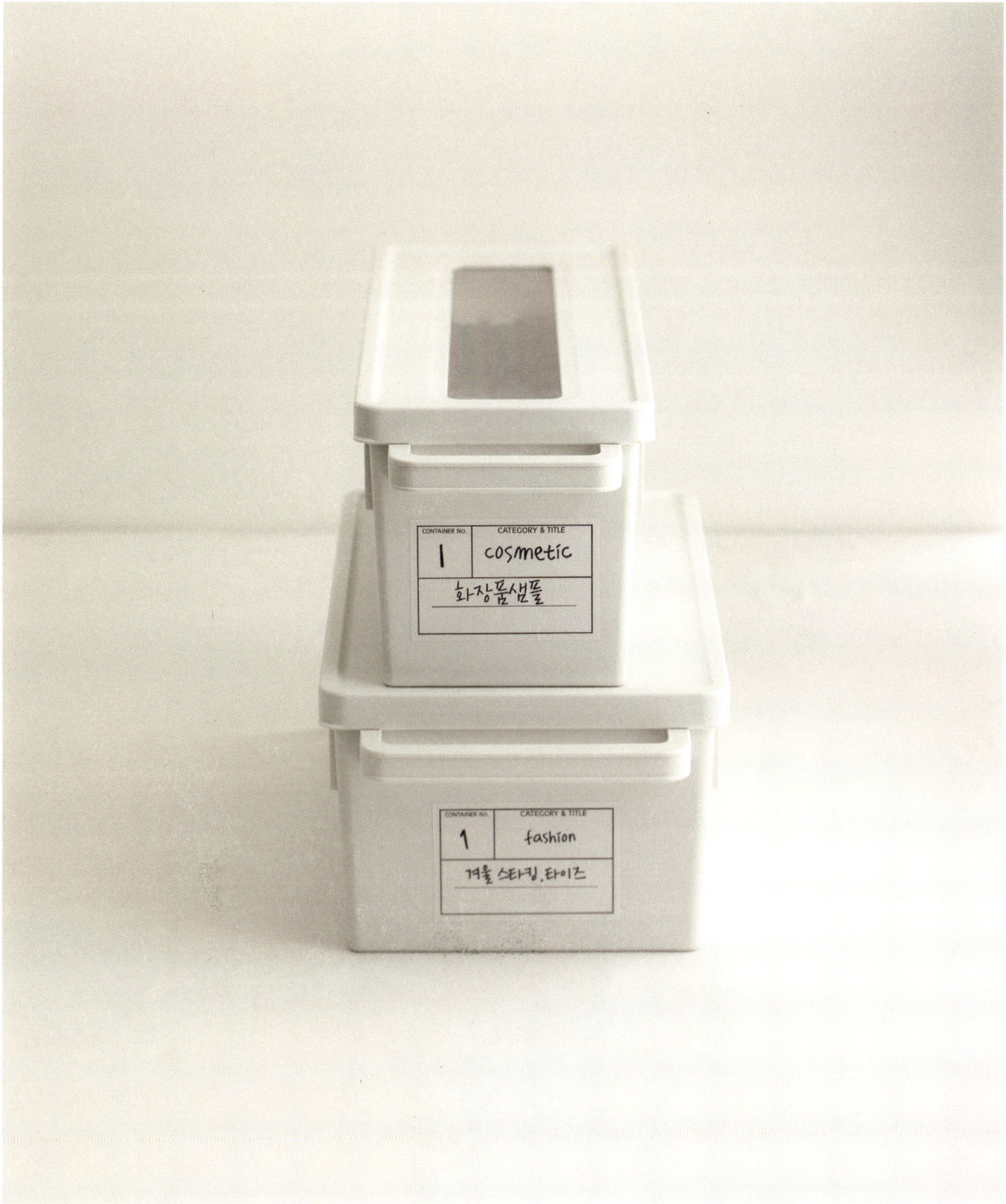

컨테이너 스토커

원래는 DVD와 CD 보관함이지만 용도를 바꿔서 계절 의류 소품(타이즈, 레깅스, 수영복 등),
화장품 샘플을 보관할 때 사용한다. 뚜껑과 명칭 스티커가 한 세트. 윗부분이 투명 창이라 안의
내용물을 쉽게 확인할 수 있다. 길쭉하고 손잡이가 있어 붙박이장 안쪽 틈새 공간에 넣고
사용하면 편리하다.

CD 보관함 17×45×16.5cm 1만5천5백원 /
DVD 보관함 25×45×16.5cm 1만7천5백원, 모두 미스달스튜디오 www.missdal.com

신발장 정리 용기

이 종이 박스는 블로그에 포스팅을 올리기 무섭게 대박 반응을 일으켰던 주인공이다. 보기 싫은 물건을 예쁘게 정리하는 첫 번째 원칙은
통일된 수납 용기를 갖추는 것. 신발을 좀 깔끔하게 정리하는 방법이 없나, 하면서 두리번거리다가 찾아낸 서랍식 종이 박스로 50개가 한 묶음이다.
일일이 접어서 사용해야 한다는 불편이 있기는 하지만, 그럼에도 불구하고 다 접어놓으면 5만 배의 효과를 발휘하는 특급 아이템.
소 · 중 · 대 3가지 크기가 있는데, 사이즈가 조금 큰 것은 다양한 살림들을 보관하는 짝퉁 서랍장처럼 쓰기에 전혀 무리가 없다.

서랍식 종이 박스(소) 30×17×9.5cm 1묶음 50매 3만2천5백원, 이케이박스 www.ek-box.co.kr

이케아 서류 정리함

내가 좋아하는 화이트에 도톰하고 가벼운 종이 소재라는 점이 마음에 쏙 들어 구입한 서류 정리함. 오픈 책장이나 선반을 깔끔하게 만들어주는
일등 공신이다. 이 아이 역시도 펼쳐진 상태로 판매하기 때문에 착착 접어서 사용하는 수고를 들여야 한다는 것이 단점. 하지만 그런 수고를 들이기에
전혀 손해 보는 느낌이 없을 만큼 쓰임새가 뛰어나다. 앞부분의 네임 태그는 문고리닷컴에서 따로 구입해 글루건으로 붙여 사용하고 있다.

FLYT Magazine file 9×24.5×31cm 5개 세트 5천4백원, 아이컴퍼니 www.icompany.tv/ 8각 스텐 명찰 꽂이 6.8×3cm 2백50원,
문고리닷컴 www.moongori.com

● 신발 박스는 50개 한 묶음이지만 내가 누군가. 부족한 것은 성에 차지 않는 요상한 성격이라 과감하게 1백 개를 주문했다. 마치 도를 닦는 기분으로 조립을 마치고 나니 온몸은 두들겨 맞은 것처럼 아프고 쑤셨지만 기분은 두둥실!

물론 여기서 끝이 아니었다. '속이 들여다보이지 않으니 신발 한 번 꺼내 신으려면 백 개의 서랍을 일일이 다 열어야 하나?' '흠… 그럼 신발 찾아 신는 데 적어도 30분 이상이 걸리겠군!' 하면서 고민하던 중 서랍마다 보관한 신발이 무엇인지를 사진으로 찍어서 붙여두면 좋겠다는 결론에 이르렀다.

박스에 붙일 사진은 디카로 찍어 지갑용 사진으로 인화했다. 박스 위에 투명한 포켓 스티커를 붙이고 인화한 사진을 쏙 끼워 넣으면 사진 입주 완료! 박스마다 습기 제거용으로 다시백에 베이킹소다를 담아 하나씩 넣어주니 황금으로 만든 신발장도 부럽지 않은 나만의 수납 공간이 만들어졌다.

포켓 스티커 5.8×9.2cm 5개 세트 1천5백원, 1300K
www.1300k.com / 사진 인화 지갑용 2장 8.3×5.2cm
3백50원, 찍스 www.zzixx.com

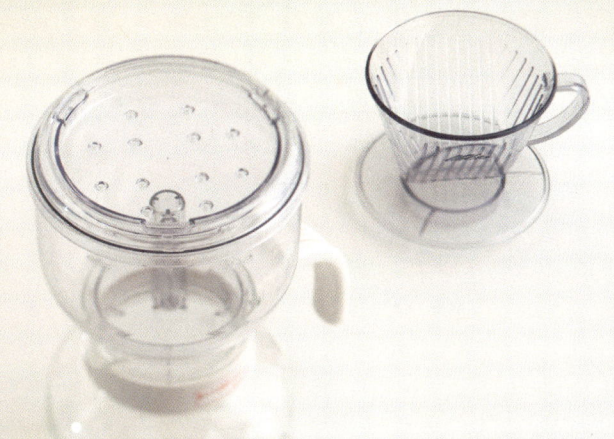

SHOPPING NOTE 4
TABLE
WARE

눈썰미 좋은 남편이 "어, 이 그릇은 또 언제 샀어?"라고 묻지 않기를
기도하며 식탁을 차린 경험, 주부라면 누구나 한번쯤 있지 않을까?
그릇 좋아하고 살림살이 좋아하는 아내를 늘 믿고 지지해 주는
나의 남편도 책 작업을 위해 주섬주섬 꺼내 놓은 그릇들을 보더니
그 물량이 하도 어이없었는지 "이참에 싹~ 다 벼룩해야겠네!"라며
핀잔 한 번 날렸다지.
그릇 좋아하는 취향도 사람마다 다 달라서 앤티크만 찾는 사람,
명품 브랜드를 세트로 맞추는 사람, 찻잔 좋아하는 사람, 대접시를
좋아하는 사람 등 제각각이지만 나의 경우는 심플하고 자연스러운
우리 그릇에 눈길이 많이 간다. 그런데 도자기라도 다 같은 도자기가
아닌 것이, 브랜드 없이 저렴한 것은 유약도 좋은 것을 쓰지 않고
낮은 온도에서 구워 유해 물질이 그대로 남아 있기도 하단다.
어쨌든 디자인도 디자인이지만 이왕이면 몸에 좋은 그릇을 쓰고 싶어서
도자기만큼은 꽤 브랜드를 따지는 편이다.
도자기 그릇을 판매하는 공방은 일부러 찾아다니기가 번거로워 1년에
한 번 열리는 리빙 디자인 페어를 쫓아다니며 눈에 들어오는 녀석들을
조금씩 사 모아 짝을 맞춘다. 그릇은 온 가족이 같이 쓰기도 하지만
내 취향으로 구입하는 것이니 생일날, 결혼기념일, 밸런타인데이… 등에
남편이 안 챙겨줘도 내가 나에게 한턱 쏜다. 하하하.

모던 유기

우리 전통 그릇 유기가 북유럽 디자인을 품었다. 핀란드 그릇 브랜드 '이딸라'의 모던한 디자인으로 한식과 양식 두루 잘 어울린다.
유기의 특성상 차가운 건 차갑게, 뜨거운 건 뜨겁게 먹을 수 있다. 밥그릇, 국그릇, 면기, 반찬기 두루 샀지만 평소 상차림에는
가장 큼직한 비빔기를 자주 사용한다. 샐러드나 따끈한 메인 요리를 담아 도자기 그릇과 같이 놓으면 잘 어우러지고 상차림이 깊이 있어
보여 대만족. 소문대로 무겁고, 관리하기가 까다로운 건 맞지만 손목에 힘 있을 때 써보기!

왼쪽부터 4호 1500㎖ 지름 18cm×높이 11cm 7만1천5백원 / 3호 750㎖ 14×9cm 6만원 / 1호 300㎖ 10×7cm 4만7천5백원
5호 450㎖ 14×5.5cm 5만4천원, 모두 더플랏74 www.theflat74.com

도기 머그 & 워머

티타임은 커피나 차의 온기를 가슴으로 나누는 시간이기에 남편과 단둘이 마실 때도
손님 초대 상을 보는 것처럼 정성껏 준비한다. 티포트와 찻잔까지 갖추지는 않더라도 머그잔에
워머를 더하면 배려하는 마음이 돋보인다. 머그는 모양은 같이, 컬러는 다르게 구입해서 가족들이
나만의 컵을 가질 수 있게 배려하는 기쁨이 있다. 워머는 뷔페식당에서 주로 사용하는데 일반 상차림
에도 워머를 이용하여 직화 접시 위에 따뜻한 음식을 올려놓으면 먹는 내내 맛있게 먹을 수 있다.

머그(소) 지름 7.5cm×높이 9.5cm 2만8천원 / 워머 지름 15cm×높이 4.5cm 4만2천원, 모두 화소반 www.hsoban.co.kr
경기도 광주시 오포읍 신현리 521-10번지, 031-712-0679

도기 티포트 & 도기 워머

너무 날렵해서 조심스러운 외국 브랜드보다 차분하고 묵직한 우리 티포트를 선호한다.
2인용 차를 우려내어 따뜻하게 즐기기 좋은 크기지만 찻잎을 한 번 넣으면 여러 번
우려낼 수 있기 때문에 작은 찻잔을 두고 이야기를 나누거나 책을 읽으면서 오래오래 마실 수 있다.
티포트를 사용할 때는 전용 워머에 티 라이트를 켜두고 차를 즐기는 내내 따뜻하게 마신다.

티포트 지름 12×높이 11cm 18만원 / 워머 지름 12.5×높이 5.5cm 4만5천원, 모두 토판.
경기도 이천시 신둔면 사음동 470-4번지, 031-631-8034

커피 드리퍼

드리퍼는 흔히 플라스틱이나 일제 도기를 많이 사용하지만 우리네 그릇 브랜드에서도 드리퍼가
선보여 반가운 마음에 덥석 집어 들었다. 커피 전용 유리 포트보다 앞에 소개한 도기 저그에
담아 내리는 게 더 운치 있어 보인다는 게 띵굴마님의 개인적 견해.

커피 드리퍼 지름 12cm×높이 9.5cm 4만5천원, 화소반 www.hsoban.co.kr
경기도 광주시 오포읍 신현리 521-10번지, 031-712-0679

96

차 거름망

차를 내릴 때는 도구를 준비하는 것부터 차 마시는 시간에 포함된다는 생각에 편리한 티백보다 찻잎을
선호한다. 찻잎이 티포트에서 우러나고 나면 찻잔에 따르는데, 이때 차 거름망이 나설 차례다.
대나무를 하나하나 엮고 손으로 일일이 깎아서 만든 이 작은 도구들을 볼 때면 감탄부터 먼저 나온다.
예쁜 물건을 바라보며 여유를 즐기는 기쁨 때문일까?

대나무 차 거름망 지름 7.8cm×길이 17.5cm 1만8천원, 티파우더 www.teapowder.com
대나무와 삼베 거름망 지름 5cm×길이 19.5cm 1만2천원, 오일클로스 www.oilcloth.co.kr
물푸레나무 차 거름망 지름 3.5cm×길이 15.5cm 1만원, 오일클로스 www.oilcloth.co.kr

오목한 면기

샐러드, 파스타, 잔치국수, 찜이나 탕 등 우리 집 식탁에
밤낮 가리지 않고 오르는 면기를 소개하고 싶다.
같은 색으로 맞추지 않고 블랙&화이트로 들이니
세트면서 세트가 아닌 듯 멋지다.
일반 면기보다 살짝 커서 다용도로 쓰기도 좋다.

지름 22cm×높이 9cm 2만2천원, 도자기숲 www.dojagisoop.com

Cutipol Goa 커트러리

커트러리는 테이블 세팅의 화룡정점이라고 한다면 좀 오버일까? 무광의 스테인리스 스틸에 매트한
블랙 손잡이가 매치된 포르투갈산 '큐티플 고아'는 요즘 가장 명성을 떨치고 있는 커트러리.
한식보다는 스파게티, 파스타 등 양식에 잘 어울려 브런치를 내놓을 때 자주 쓰게 된다. 커트러리는
기본 8인조로 구입하는 게 좋다는데, 가격이 높아 잘 안 쓰게 되는 나이프를 빼고 2세트 구입했다.

스푼 길이 21cm 1만6천9백원 / 디너포크 21.5cm 1만6천9백원 / 티스푼 11.5cm 1만1천5백원 /
티포크 11.5cm 1만6천9백원, 모두 시크릿가든앤코 www.esecretgarden.com

헹켈 이녹스

20년 전 구입한 가장 기본 스타일의 커트러리. 올 스테인리스 스틸이라서
쓰기 편하다. 친구들을 크리스마스에 초대해서 파티를 하기 위해
당당하게 백화점 세일 때 구입했다. 옛날 옛적 상품이라 제품 정보는
패스!

우드 커트러리

우드, 우드, 우드… 보는 것만으로도 흐뭇한 나의 소꿉친구들. 일본 여행
갔을 때, 또는 국내 온라인 쇼핑몰에서 여러 해에 걸쳐 차곡차곡
모은 것들이다. 서랍 안에 두면 굴러다니다 사라질까 봐 전용 집까지
한 땀 한 땀 손바느질로 만들어주었다. 간식 먹을 때 쫙 펼쳐놓으며
오늘은 무얼 쓸까 고민하는 즐거움, 같이 누리지 않으시렵니까?

스튜디오엠 제품은 9천원부터~, 컨츄리앤하우스 www.countrynhouse.co.kr /
차바트리 제품 역시 9천원부터~, 에이랜드 www.a-land.co.kr

법랑 소재의 커트러리

하얗고 깔끔한 법랑 소재의 커트러리는 세팅해 두기만 해도 예쁜 제품. 여름철 티타임이나 브런치,
또는 캠핑 갈 때 만만하게 가져가기도 하고 큰 접시 위에 음식을 더는 용도로도 사용할 수 있다.

스푼&포크(대) 길이 18,5cm 1만1천원 / 스푼&포크(소) 14cm 9천5백원 / 버터 나이프 16,5cm 9천 5백원,
모두 미스달스튜디오 www.missdal.com

일회용 냅킨

손님을 초대했을 때는 물론 가벼운 티타임을 가질 때, 야외 피크닉과 캠핑까지… 테이블 매트보다
더 자주 사용하는 종이 냅킨. 컬러풀하고 화려한 패턴으로 고르면 수저받침으로 활용하거나
접시 위에 깔고 쿠키를 놓기만 해도 밋밋한 테이블에 생기를 준다.

블루와 그린 16.5×16.5cm(접힌 상태) 20pcs 1천원, 이마트 /
퍼플 20×20cm(접힌 상태) 50pcs 2만7천원, 하우스라벨 www.houselabel.co.kr

fog 리넨 키친클로스

100% 리넨 소재의 키친클로스는 물기도 빨리 흡수하고 금세 마르는 데다 내추럴한 멋이 나서
어디든 툭 던져 놓기만 해도 그림이 된다. 그러니까 키친클로스 하나면 프렌치 스타일을
연출할 수 있다는 것. 일반 리넨보다 두께가 톡톡하고 올이 성글어 앤티크한 분위기를 내는
fog 리넨은 가장자리의 빨강 라인이 포인트. 행주처럼 쓰거나 그릇 위에 덮어주면
먼지가 쌓이는 걸 방지해 준다.

리넨 100% 45×65cm 1만8천원, 미스달스튜디오 www.missdal.com

와인 잔 & 물컵

무색투명한 물컵이나 와인 잔은 아무 장식 없는 기본 디자인을 찾는 것이 의외로 어렵다. 심심할 정도로
멋을 내지 않은 와인 잔은 와인은 물론 주스, 물 잔으로 두루두루 사용한다. 물컵은 같은 디자인으로
큰 것과 작은 것을 골랐는데, 나지막한 것은 소스나 피클 같은 반찬을 담아 놓거나 아이스크림 등
디저트를 담아 와인 잔과 함께 세팅하면 상차림이 한결 고급스럽게 보인다.

와인 잔 지름 9cm×높이 15cm 1만5천원, 하우스라벨 www.houselabel.co.kr / 물컵(낮은 것) 지름 8.2cm×높이 6cm
가격 미정, 물컵(높은 것) 지름 8.5cm×높이 9cm 가격 미정, 모두 세덱. 서울시 강남구 신사동 588-18, 02-549-6701

이케아 물컵

손잡는 부분이 각이 져서 잘 미끄러지지 않고 쉽게 깨지지 않는 에브리데이 컵.
높은 것은 아이스 음료용, 낮은 것은 만만하게 물컵으로 쓰기 편하다.

POKAL Glass(낮은 것) 지름 7.5cm×높이 8cm 6개 세트 9천9백원 /
POKAL Glass(높은 것) 지름 8.5cm×높이 13.5cm 2천6백원,
모두 아이컴퍼니 www.icompany.tv

멜라민 식판 세트

남편과 살랑살랑 브런치도 즐기고, 피크닉 갈 때도 사용하고 싶어서 8년 전 구입한 멜라민 소재의
모닝 세트. 노랑, 파랑, 주황 등 톡톡 튀는 색감에 접시와 컵, 볼 하나의 구성이라 아이들 간식용으로도
제격이다. 환경 호르몬에 안전한 제품.

Retro 모닝 세트(트레이+컵) 25×16×7cm 1만4천원 /
Retro 밥공기 지름 11.3cm× 높이 6cm 4개 세트 1만6천원,
모두 텐바이텐 www.10×10.co.kr

칼리타 아이스커피용 드립 세트

유리 재질의 드립 서버, 플라스틱 얼음 통,
플라스틱 드리퍼가 세트. 서버와 드리퍼 사이에
조각 얼음을 가득 채운 얼음 통을 끼우고 커피를 내리면
명품 아이스커피가 완성된다. 여름엔 아이스커피로,
겨울엔 핫커피로 다양한 용도로 원두커피를
마실 수 있는 세트.

드립 서버 760㎖ 세트 3만1천원, 카페 뮤제오 www.caffemuseo.co.kr

SHOPPING NOTE 5

MY
FAVORITE

살림도 취향이다. 그러니까 살림살이는 그 사람의 취향을 말해 주는

나지막한 목소리 같은 것. 처음 보는 사람의 얼굴이나

옷차림, 헤어스타일이 그 사람에 대한 첫 번째 힌트를 제공하는 것이라고

했던가? 그렇다면 내가 생각하는 '살림하는 여자'에 대한 결정적 힌트는

그 사람이 특히 아끼고 사랑하는 살림살이 같다.

내게도 목숨처럼(?) 아끼는 살림살이들이 있다. 꼭 필요해서 아끼는 것도

있고, 예뻐서 데리고 다니는 것도 있고, 특별한 이야기가 담겨 있어서

내칠 수 없는 것도 있다. 물론 그 대부분은 대단할 것도 없이

수수한 쓰임새를 가진 물건들이다. 그런데 보면 기분이 좋아진다.

"아이, 착해라! 아이, 예쁘기도 하지!" 하면서 날마다 어루만져주는

그런 물건들 말이다.

유난히 아껴가며 입거나 즐겨 입는 옷이 있듯이 세상 모든 살림하는

여자들에게는 특히 편애하는 물건들이 있게 마련이다.

때론 바로 그런 물건들을 모아서 나만의 블랙 라벨 리스트를

만들어보는 것도 재미나다. '내겐 어떤 귀한 물건들이 있었지?' 하면서

집 안을 조곤조곤 뒤집어보면서 소소한 여유를 즐겨보는 것도

권할 만하다. 그렇게 사소한 물건들마다에 의미를 부여해 보는 일이

매일 하는 살림을 조금 더 즐겁게 만들어주는 비책이 되니까.

이 책의 맨 마지막 장은 바로 그런 나만의 핫 아이템들이다.

나 땅굴, 땅굴마님 이혜선이 어떤 사람인지를 말해 주는 식구 같은

아이들을 소개할 참이다.

빗자루 1, 2, 쓰레받기

어떤 날은 진공청소기를 끌고 다니는 게 생각만으로도 번거로울 때가 있다. 방구석에 먼지가 눈에
띄거나 화분을 들고 나르다 실내가 부분적으로 지저분해졌을 때 척! 마녀가 타고 날아다닐 법한
빗자루를 꺼내든다. 청소하는 데 힘든지도 모르겠고, 베란다 나가는 길목에 그냥 세워두는
것만으로도 흐뭇한 나의 빗자루들. 손잡이를 접었다 펼 수 있는 철제 쓰레받기는
휴대하기 간편해 캠핑 갈 때도 지참한다. 텐트 안 바닥 청소할 때 굿!

왼쪽부터 빗자루1 3만3천원, 티파우더 www.teapowder.com / 빗자루2(서 서방 비) 7천5백원,
연남 전기공사 서울시 서대문구 연희1동 사러가쇼핑센타, 02-334-9079 / 쓰레받기 27×21cm 9천5백원,
티파우더 www.teapowder.com

화이트 덧신

좌식 생활을 주로 하는 우리나라 아파트 사정상 실내 슬리퍼보다는 덧신이 유용한 것 같다. 왠지 호사스러운 기분을
느낄 수 있는 로맨틱 퓨어 화이트 컬러의 덧신. 집들이 선물로도 반응이 매우 좋았던 아이템.
끈으로 사이즈를 조절할 수 있어서 신었을 때 헐떡거리지 않는다.

10×24,5cm 1만8천2백원, 올리브키스. 서울시 서초구 반포동 19-4 경부선 3층 꽃상가 260호, 02-593-1538

fog 리넨 앞치마

살림하는 여자니까 여러 가지 앞치마가 있지만, 유독 즐겨 사용하는 것은 리투아니아산 리넨 앞치마.
리넨 100%로 자연스러운 구김과 감촉이 참 좋다. 살림 마니아 친구들과 리투아니아 여행 계를 부어 리넨을
대량 구입하러 떠나는 것이 나의 로망!

6만5천원, 블루스케치 www.bluesketch.kr

메모리폼 방석, 왕골 방석

메모리폼 방석은 4년 정도 썼는데 우레탄 폼 쿠션이 처음 샀을 때 그대로여서 추천하고 싶다. 등받이도 쿠션도 없는 식탁 의자를
좀 더 아늑하게 만들어준다. 왕골 방석은 에어컨이 없는 우리 집 여름철 필수품. 마룻바닥이나 패브릭 소파 위에 앉을 때
땀으로 끈적이는 불쾌감을 막아주어 기분까지 보송보송하다.

메모리폼 방석 지름 36cm 3만5천원, 무인양품 www.mujikorea.net /
왕골 방석 지름 38cm 1만9천8백원, 티파우더 www.teapowder.com

듀랑스 리넨 워터, 빈티지 글라스 스프레이

사계절 내내 기분 좋게 사용할 수 있지만 특히 여름 장마철 다림질할 때 유용한 리넨 워터. 다림질하지 않고 패브릭 위에 뿌려서
은은한 향을 입힐 수 있다. 그냥 바라만 봐도 기분 좋은 빈티지 글라스 스프레이는 사용할 때 기성 플라스틱 제품보다
힘을 약간 더 줘야 하지만 살포시 퍼지는 분사력이 마음에 든다.

리넨 워터 500㎖ 1만9천8백원, 티파우더 www.teapowder.com /
빈티지 글라스 스프레이 230㎖ 지름 7.7cm×높이 16cm 1만2천5백원,
호시노앤쿠키스 www.hosino.co.kr

● 요즘엔 방석을 잘 쓰지 않는 분위기다. 하지만 우리는 좌식 생활에 익숙한 데다 손님 초대를 즐겨 하다 보니 식사 후 자연스럽게 소파 밑 테이블 주위로 모여 앉게 된다. 수많은 방석 가게를 돌며 테스트해 본 후 구입한 무지의 우레탄 폼 방석은 쿠션 겸, 방석으로 추천하고 싶다. 사각과 동그란 모양이 있는데 동그란 것이 아무 의자에나 툭툭 올려놓고 쓰기에 더없이 만만하다. 왕골 방석 역시 우리 집에 놀러온 사람들이 십중팔구 구입처를 물어보는 인기 아이템.

●●● 다림질을 좋아하는 주부가 있다면 만나보고 싶다. 내 주위에도 설거지를 좋아하는 사람은 많은데, 다림질 좋아하는 사람들은 별로 없다. 아무래도 고독하거나 지루하고 땀나는 작업이기 때문 아닐까? 남편 옷 다리는 데는 큰 결심이 필요하지만 리넨 앞치마나 키친클로스 등은 완전히 마르기 전에 걷어 리넨 워터로 사각사각하게 다림질하는 걸 즐긴다. 빈티지 글라스 스프레이는 일단! 예뻐서 구입했는데 리넨 워터를 담아 쓰기도 하고, 씨앗 심어 모종 만들 때나 미니 화분에 물을 줄 때도 꼭 손이 갈 만큼 사용할수록 기분이 좋다.

핸들 대바구니

집 안을 휘 둘러보면 바구니가 참 많다. 내 작업실 방에도 서너 개는 있고, 주방, 뒷베란다,
소파 옆 할 것 없이 부실별로 한자리씩 차지하고 있는 것 같다. 결혼 후 살림하며 하나둘
조금씩 모은 것이라 판매처가 없어진 곳도 있고, 외국에서 들고 온 것이라 여기선 살 수 없는 것도
많아서 고민 끝에 소개하는 핸들 대바구니. 사이즈가 넉넉하고 바닥이 평평한 사각이라 쓰임이 많다.
피크닉을 갈 때는 물론 집에서 행주를 착착 개서 보관하거나 다시마나 마른 고추 등을 지퍼락에
넣어서 담아두기도 좋다.

35×21×19cm 3만5천원, 오일클로스 www.oilcloth.co.kr

철제 바스켓

빈티지한 느낌이 물씬 풍기는 철제 바스켓은 일본 여행 갔을 때 구입한 것. 요즘에는 인터넷 쇼핑몰에서도 파는 곳이 생겨 매우 반갑다! 다용도실에 두고 양파, 감자, 마늘 등을 보관하는 용도로 사용한다.

29×16×15cm 4만5천원, 하우스라벨 www.houselabel.co.kr

우드 미니 건조대, 우드 미니 빨래판

하루를 마치는 저녁, 주방을 닫기 전 가장 마지막에 하는 일은 하루 종일 애쓴 행주를 조물조물
빨아 너는 것이다. 아담한 사이즈의 나무 소재 건조대는 주방 한쪽에 놓고 행주를 널어 건조할 때
안성맞춤이다. 사용하지 않을 때는 접어둘 수 있어 편리한데 나무 소재뿐 아니라
스테인리스 스틸이나 화이트로 코팅된 제품 등 다양하다. 귀요미 우드 빨래판 역시 주방에서
행주를 빨 때 사용하거나 욕실에서 양말, 속옷 등 손빨래를 할 때 사용한다.

우드 미니 건조대 29×30cm 3만7천8백원, 로이트리 www.loweitree.com /
우드 미니 빨래판 10.5×14cm 1만6천원, 카라멜샵 www.e-caramel.co.kr

스테인리스 스틸 빨래집게

매일 사용하는, 이왕 사야 하는 살림일수록 무조건 예쁜 걸로! 골라야 직성이 풀리는 띵굴네는
빨래집게마저도 스테인리스! 아귀가 크게 벌어져 발코니 난간에 이불 빨래를 넣어 말릴 때나
주방 창가에 행주를 넣어 말릴 때 사용한다. 그리 머지않은 날, 너른 마당에 빨래가 펄럭이는
장면을 상상하며!

S 4.5×8.5cm 2천원 / L 7×11.5cm 3천원, 모두 라임.
서울시 서초구 반포동 19-4 경부고속터미널 3층 꽃상가 310호, 02-533-4097

베이지컬리 향초

습하고 꿉꿉한 날, 냄새나는 요리를 하는 날, 향초를 켜두는 습관이 생겼다. 향초는 좋은 오일로 만든 것을 사는 것이 관건.
2시간 정도 쭉 켜두는 것이 가장 효과적이란다. 좋아하는 향은 일랑일랑. 특히 우드 심지가 타들어갈 때 나는
타닥타닥 소리는 힐링 그 자체.

지름 7cm×높이 4cm 70g 1만6천원, 베이지컬리 www.basically.co.kr

티 라이트

초는 큰 것보다 작은 것을 여러 개 모아두는 것이 더 운치 있어 보이는 법. 랜턴, 티 홀더, 트레이 모두 사계절 내내 질리지 않고 예뻐 보이는 유리, 함석, 와이어 소재의 빈티지한 분위기로 맞췄다.

디자인과 크기에 따라 1만8천~3만6천원, 하우스라벨 www.houselabel.co.kr

리넨 실

100% 리넨 실은 코바늘로 손뜨개 해서 티 코스터나 작은 등 커버 등을
만들 수 있다. 수를 놓을 때는 마른 풀잎으로 수를 놓는 것처럼
까슬까슬한 손의 감촉이 마음에 들어 간단하게 이니셜을 새기거나
선물 포장용 실로도 사용한다.

리넨 실 1만원부터~, 모두 계절이야기 www.e-fourseason.co.kr

색실

캔디 컬러의 다양한 색실은 선물 포장, 봉투 포장에 활용한다. 갱지나
신문지로 둘둘 말고 색실만 묶어줘도 포장 상태가 완전 업그레이드된다.
재봉틀에 색실을 끼워 유산지나 소창 가장자리를 박음질해 주머니를
만들어도 손맛 나는 포장을 할 수 있다.

색실 25m 3천원, 데일리라이크 www.dailylike.co.kr

바느질 가위

'규방칠우'라고, 바느질하는 데 일곱 가지 친구가 필요하다지만 특히 나의 베스트 프렌드는 작고 귀여운 바느질 가위다. 리빙 페어, 일본, 미국의 벼룩시장을 드나들며 모아온 가위들. 바느질하기 전, 어떤 가위를 골라볼까 고민하는 재미도 남다르다.

윗줄 7×12.5cm 8천5백원, 티파우더 www.teapowder.com /
아랫줄 리틀 잼(미니 가위) 3.9×5cm 1만5천원 /
부엉이가위 6.5×6.5cm 1만8천5백원, 모두 키스더레이스 www.kiss-the-lace.com

돌

해변에서 반들반들 예쁜 돌을 주워오는 것은 불법이기 때문에 난 돌도 사는 여자. 하하하. 큰 몽돌은 방문을 닫히지 않게
받쳐두는 도어 스토퍼용이다. 구멍 난 현무암은 빨래 삶을 때 넣으면 끓어 넘치는 걸 방지하는 일명 끓임쪽.
제주도 재래시장에서 개당 1천원 정도에 구입할 수 있다.

돌 한 자루 1만5천원, 이레데코.
경기도 과천시 주암동 142 화훼집하장 신동 6호, 02-503-6200

천연 염색 침구

삼척에 내려가 하룻밤 민박하며 염색 체험으로 제작한 침구는 쓸수록 뿌듯하다. 면이나 리넨과 코튼 혼방 등 원하는 소재의 원단을 고르면 솜씨 좋은 민박 주인장이자 천연염색장인이 그 자리에서 바로 재봉 시작. 이불 커버, 베개 커버 완성품에 원하는 대로 염색을 할 수 있다. 쪽염, 쪽무늬염, 먹염 등 푸른 빛과 검은 빛을 원하는 대로 염색할 수 있다.

베개 커버 2개, 이불 커버 세트 12만원 / 면 티셔츠 염색 1만원, 모두 봄볕 내리는 날 blog.naver.com/meokmul

강원도 삼척시 노곡면 중마읍리 127번지, 010-8596-6862

바람이 거들고 빛과 시간이 완성해 주는 일. 민박 체험 천연 염색은 하루 저녁 꿈결 같은 휴가로 제격이다.

햇빛만 좋으면 이불 한 채 짊어지고 집으로 돌아올 수도 있다!

● ● ● 돌은 모아두고 바라보기만 해도 마음이 편안해진다. 물에 끓인 돌을 수건에 감싸

배 위에 얹어 마사지하는 것도 좋아하는 휴일의 일상.

타원형 나무 도시락 통

아담하지만 깊이가 있어 은근히 많은 양을 담을 수 있다.
내부에 칸막이가 되어 있지만 밀폐가 되지 않아 한 가지 종류만 담는 게
좋다. 타원형 나무 도시락 통은 피크닉용으로도 멋스럽지만
바느질 소품이나 말린 꽃 등 작은 소품을 보관하기에도 적당하다.

가로 14.5×세로 9.5×높이 5cm 2만6천원, 오일클로스 www.oilcloth.co.kr

대나무 도시락 박스

1~2인용 샌드위치, 주먹밥을 담기 딱 좋은
가로 10.5cm×세로 18.5cm 사이즈.
내부에 천 한 장 깔고 수저를 보관하는 통으로 쓰는 것도 방법.

6천5백원, 오일클로스 www.oilcloth.co.kr

소리 나지 않는 수저 세트

도시락이나 피크닉 아이템은 세심한 여자의 마음을 배려한 제품이 많아
구경하다 보면 지름신을 말릴 수가 없다. 수저통 안에서 수저가
달그락거리지 않는 신기한 수저 세트도 보자마자 장바구니에
담은 아이템.

1만2천원, 미스달스튜디오 www.missdal.com

3단 스테인리스 스틸 도시락 통

착착 쌓이는 스테인리스 스틸 도시락 통은 피크닉이나 캠핑용으로도
좋지만 외출할 때 반찬을 담아 냉장고에 넣고 남편에게 꺼내 먹으라고
할 때 애용한다. 왜? 남자들은 눈앞에 있는 반찬도
절대 못 꺼내 먹으니깨! 6년 전 이마트에서 구입한 제품.
같은 디자인이 아니더라도 '지브라' 브랜드나 스테인리스 스틸 찬합으로
온라인 쇼핑몰에서 구입할 수 있다.

도시락 쌀 일 없다고 예쁜 도시락 통을 외면하는 건 가슴 아픈 일이다. 도시락을 집 밖에서만 먹어야 한다는 법은 없다. 아침 먹고 남은 걸 1인분 예쁘게 싸뒀다가 혼자 점심으로 때우고, 집 비우는 날 남편 반찬통 삼아 음식을 담아 놓고 집을 나서기도 한다. 그리고 정말로 밖에서 먹는 도시락은 꿀맛이니까. 특별하지 않아도 집 밥 싸들고 나들이하면 기분이 좋아진다.

리넨 원피스

옷 입는 스타일은 모두 달라 추천하기 조심스럽지만 단추로 오픈할 수 있는 넉넉한 리넨 원피스는 하나쯤 갖춰두면 두루 입기 편하다.
게다가 프로방스나 알프스 등의 넓은 허브 정원을 누비는 기분(기분이라도!)을 낼 수 있다.
면과 마 혼방이라 막 빨아 입기 편해 사계절 즐겨 입는 리넨 원피스. 패턴 뜨고 만들어 입는 실력자도 많지만 키가 큰 띵굴은
일부 아이템에 한하여 원하는 사이즈로 기장을 늘이거나 줄여서 주문할 수 있는 인터넷 사이트를 애용한다.

5만6천원, 모모가든 www.momogarden.co.kr

납작한 왕골 가방

여름철 가벼운 소지품을 담아 마실 가기 좋은 가방. 옷걸이에 걸어두고 장식품처럼 활용하기도 한다.

41×46cm 1만5천원, 올리브키스. 서울시 서초구 반포동 19-4 경부선 3층 꽃상가 260호, 02-593-1538

스트라이프 티셔츠

촬영하려고 모아 놓고 보니 하도 많아 나도 웃고, 편집자도 웃었다.
굵기와 모양이 다른 스트라이프 티셔츠는 반팔, 7부, 긴팔, 래글런,
원피스 등 발견할 때마다 구입하게 된다. 청바지, 반바지, 스커트
모두 프렌치 시크하게 잘 어울리니까. 캐주얼한 티셔츠를 구입하는
쇼핑몰은 다음과 같다.

민트비 www.mint-b.co.kr / 피그힙 www.pighip.co.kr / 트왕 www.twang.co.kr /
비양비양비양세비앙 www.vve.co.kr / 치즈달 www.cheesedal.co.kr

레이스 양말

한여름에도 양말을 신게 된다. 면양말이나 스타킹, 평범한 덧신만이
답이 아니다. 얌전한 옷차림을 완성시켜주는 레이스 양말은
쇼핑을 나서거나 이웃을 방문할 때 요긴하다.

발목 길이 42.5cm 5천원, 치즈달 www.cheesedal.co.kr

내추럴 플랫 슈즈

신발은 몸에 걸치는 일습 중 가장 자유롭게 멋을 낼 수 있는 아이템. 비싼 것도 좋지만 매의 눈으로 합리적인 가격에
다양한 스타일에 도전해 보고 싶은 의지를 불태운다. 요즘 내 눈에 꽂힌, 내추럴 스타일에 썩 잘 어울리는 신발을 소개한다.

2만3천8백원, 밀라 www.milla.co.kr

양은 밥통 솥에 밥을 하고 나면 뚜껑 달린 이 밥통에 밥을 넣어 아랫목에 묻어두던 밥통. 이제는 명절날 식혜를 담아두거나 감자, 고구마, 옥수수 찐 것을 담아두는 용도로 사용한다. 어머님이 쓰시던 걸 눈물로 가져온 것.

양은 채반 텃밭에서 그날 먹을 고추 몇 개, 깻잎 몇 장, 상추 같은 것들을 따다가 갓 따온 그대로 씻어 상에 내는 데 쓰시던 채반. 가볍고 은은하면서 도도한 광택, 차고 넘치지 않은 깔끔한 자태에 홀딱 반했다. 낡아가면서 더 멋스럽다. 이런 게 진짜 앤티크다.

볶음용 조리 도구 손잡이의 플라스틱 색감조차 탄성이 절로 나오는 진짜진짜 골동품. 조리하는 부분이 너무 낡고 삭아서 사용은 못하지만 주방 벽에 키친클로스와 함께 걸어두면 혼자 보기 아까울 정도로 예쁘다.

대나무 소쿠리 주방 선반 구석에서 찾아내고 '올레'를 외친 손바닥보다 조금 큰 소쿠리. 무얼 놓아도 내 눈에는 예술이 따로 없었던 터라, 혹여 곰팡이라도 앉을세라 애지중지 닦아가며 사용 중이다.

plus item

그리고 내가 사랑하는 시어머니의 구식 살림들

시댁의 주방이나 광에서 눈을 반짝이며 무언가를 찾아낼 때마다, 시아버
님은 고개를 갸우뚱하며 말씀하신다.

"우리 며느리는 썩은 걸 좋아하는구먼…."

양은 채반, 대나무 소쿠리, 뒤집개, 왕비마마 자태의 기품 있는 소반 그리
고 최근까지도 시어머니께서 열심히 사용하시던 양은 밥통까지…. 갖은
아양을 다 떨어가며 겟! 할 수 있었던 살림살이들이다. 그중 대부분이 시
집오시던 해에 구입하셨던 거라니 반백 년이 훌쩍 넘은 골동품들이다.
그럼에도 불구하고 어찌나 반들반들 윤이 나게 사용하셨는지 존경스러
울 따름이다. 특히 아련한 모란꽃 무늬를 가진 밥통과 소반은 쉽게 찾아
볼 수 없는 귀한 것들이라 꺼낼 때마다 꾸벅, 인사를 올리면서 쓰고 있다.

둥근 소반 요즘은 돈 주고도 살 수 없는 앤티
크 소반. 앤티크 숍에서 나주반상 두어 개를
구입하기도 했지만 시댁에서 들고 내뺀(?!)
이 찻상이 내겐 최고의 소반이다.

epilogue

12월 32일 26시 98분, 인천공항에서 만나요!
살림살이 쇼핑하러 세계 일주 떠나는 날이니까요.

그런 날이 올까요. 주머니 사정에 매이지 않은 채 얼마든지 훌쩍 떠날 수 있는 날.
도쿄 지유가오카 쇼핑 스트리트를 천천히 걷고, 홍콩의 바겐세일 아이템을 탐하
며, 뉴욕 소호 거리에 즐비한 상점들을 콩팥콩팥 구경하는 날. 파리의 방브 벼룩
시장에서 낭만적인 헌 살림들과 조우하거나 고서점 〈셰익스피어 앤 컴퍼니〉에
들러 책 냄새에 취하는 날. 영국의 꽃시장과 앤티크 상점들을 순례하거나 핀란
드 헬싱키의 〈카모메 식당〉에서 커피 루왁과 시나몬 롤의 맛과 향에 취해 보는
날. 그런 날.
정말이지 저의 소망은 제가 좋아하는 살림 연장들의 본고장을 여행하면서 나의
위시 리스트 품목들을 만나는 일입니다. 굳이 집으로까지 데려올 수 없다고 해
도 좋겠어요. 눈에 담고 심장에 담고 하면서 달달한 살림 에너지를 채워보는 것
만으로도 충분할 테니까요.

하지만… 가당키나 하겠어요? 그저 꿈꾸는 거죠. 언젠가는 내게도 그런 여유와 축복의 날이 오고 말 것이라는 기대를 품은 채 콩나물 팍팍 무치고, 설거지 뽀득 뽀득 하면서 사는 거죠. 어디 저만 그럴까요. 살림꾼으로 살아가는 세상 모든 여자들의 마음이 다 그렇겠죠.

생각해 보면 살림이란 한 편의 꿈같습니다. 아무렇게나 먹어도 배는 부르겠지만 더 맛있게, 더 좋은 걸 먹이고 싶은 꿈. 청소와 빨래 같은 것 건성건성 넘겨도 되겠지만 더 깨끗하고 쾌적한 순간을 주고 싶은 꿈. 작은 집, 전셋집에 살면서 굳이 그렇게 단장할 이유도 없겠지만 그래도… 그 소담한 공간에서 내 남편, 내 아이와 영화처럼 버무려져서 살고 싶은 꿈. 저는 그래서 살림이 좋고, 살림살이가 좋고, 살림꾼이 되어 열심히 살고 있는 내가 좋습니다.

대단치도 않은 살림살이 하나로 삶을 바꿀 수는 없습니다. 하지만 별것도 아닌 그 연장 하나가 살림하는 시간을 맛있게 채워준다면 그것만으로도 그 아이의 몫은 충분한 것 같아요. 제가 꺼내놓은 시시한 살림살이 정보들도 그랬으면 좋겠습니다. 당신의 어떤 순간을 꽃송이 같은 기쁨으로 채워줄 수 있었으면.

이 책은 남편들이 싫어하는 경계 대상이 될 것 같습니다. '그깟 냄비 아무거나 사면 되지, 여자들이란 하여간…!' 하면서 고개를 절레절레 흔들지도 모르겠습니다. 하지만 그깟 살림살이 하나에도 살맛이 나는 당신에게는 꼭 필요한 책이었으면 좋겠습니다. 국자 사러 나갈 때, 수납 용기가 필요할 때, 어디 예쁜 빗자루 없나 싶어 두리번거리는 날… 그럴 때마다 펼쳐보는 '베프'가 될 수 있다면 더 행복할 것 같습니다.

자, 그럼 예쁜 살림살이에 홀딱 빠져 있는 우리 여자들은 12월 32일, 지상에 없는 바로 그날! 5천만원씩 챙겨들고 인천공항에서 만나요. 훌쩍 떠나야 하니까요. 멀리, 저 먼 곳으로 쇼핑 일주를 떠나야 하니까 말입니다. 그때까지 또 온 힘을 다해 열심히 살림에 매진하기로 하지요. 모두 모두 고맙습니다. 꾸벅!

지름신과 친구 먹고 살아가는 띵굴마님 이혜선

띵 굴 마 님 은
살림살이가 좋아

초판 1쇄 발행 2013년 9월 19일
초판 4쇄 발행 2014년 10월 30일

지은이 ㅣ 이혜선
펴낸이 ㅣ 김우연, 계명훈
기획 · 진행 ㅣ fbook
　　　　　 김수경, 김연, 배수은, 박혜숙, 김진경, 최윤정
마케팅 ㅣ 함송이, 강소연
디자인 ㅣ design group ALL(02-776-9862)
제품 사진 ㅣ 한정수(etc. studio 02-3442-1907)
교정 ㅣ 김혜정
인쇄 ㅣ 다라니인쇄
펴낸 곳 ㅣ for book 서울시 마포구 공덕동 105-219 정화빌딩 3층
　　　　 02-753-2700(판매) 02-335-3012(편집)
출판 등록 ㅣ 2005년 8월 5일 제 2-4209호

값 10,000원
ISBN 978-89-93418-67-5　13590